T/CAGHP 065.3—2019

总目次

上 册

1 土方工程 …… 1
2 石方工程 …… 107
3 砌石工程 …… 172

中 册

4 钻孔灌浆及锚固工程 …… 185

下 册

5 模板工程 …… 347
6 混凝土工程 …… 374
7 生态恢复工程 …… 425
8 其他工程 …… 436
9 临时工程 …… 483
10 材料运输 …… 510
附录 A 土石方松实系数换算表 …… 532
附录 B 一般工程土类分级表 …… 533
附录 C 岩石类别分级表 …… 534
附录 D 岩石十二类分级与十六类分级对照表 …… 537
附录 E 钻机钻孔工程地层分类与特征表 …… 538
附录 F 岩石十六类分级与坚硬程度等级分级对照表 …… 539
附录 G 岩石坚硬程度等级的定性分类表 …… 540

I

上册目次

总说明	Ⅸ
1 土方工程	1
说　明	1
1-1　人工伐树、清除灌木、草皮	3
1-1-1　砍小树林、铲草皮	3
1-1-2　伐树、挖树根	3
1-1-3　割草、推土机推除草皮	5
1-2　人工修整坡面	5
1-2-1　人工修整坡面（Ⅰ～Ⅱ类土）	5
1-2-2　人工修整坡面（Ⅲ类土）	6
1-2-3　人工修整坡面（Ⅳ类土）	6
1-2-4　人工修整坡面（Ⅰ～Ⅳ类土）	7
1-3　机械修整边坡	7
1-3-1　机械修整边坡（Ⅰ～Ⅲ类土）	7
1-3-2　机械修整边坡（Ⅳ类土）	8
1-4　人工挖一般土方	8
1-5　人工挖冻土方	9
1-6　人工挖一般土方人力挑（抬）运输	9
1-7　人工挖一般土方胶轮车运输	10
1-8　人工挖倒沟槽土方	10
1-8-1　人工挖倒沟槽土方（Ⅰ～Ⅱ类土）	10
1-8-2　人工挖倒沟槽土方（Ⅲ类土）	11
1-8-3　人工挖倒沟槽土方（Ⅳ类土）	12
1-9　人工挖沟槽土方人力挑（抬）运输	13
1-9-1　人工挖沟槽土方人力挑（抬）运输（Ⅰ～Ⅱ类土）	13
1-9-2　人工挖沟槽土方人力挑（抬）运输（Ⅲ类土）	14
1-9-3　人工挖沟槽土方人力挑（抬）运输（Ⅳ类土）	14
1-10　人工挖倒柱坑土方	15
1-10-1　人工挖倒柱坑土方（Ⅰ～Ⅱ类土）	15
1-10-2　人工挖倒柱坑土方（Ⅲ类土）	16
1-10-3　人工挖倒柱坑土方（Ⅳ类土）	17
1-11　人工挖柱坑土方人力挑（抬）运输	18
1-11-1　人工挖柱坑土方人力挑（抬）运输（Ⅰ～Ⅱ类土）	18
1-11-2　人工挖柱坑土方人力挑（抬）运输（Ⅲ类土）	19

1-11-3	人工挖柱坑土方人力挑(抬)运输(Ⅳ类土)	19
1-12	人力挖基坑土方人力提升	20
1-13	人力挖基坑淤泥、湿土、流砂	20
1-14	人力挖基坑土方卷扬机提升	21
1-15	人工挖渠道土方人力挑(抬)运输	22
1-15-1	人工挖渠道土方人力挑(抬)运输(Ⅰ～Ⅱ类土)	22
1-15-2	人工挖渠道土方人力挑(抬)运输(Ⅲ类土)	23
1-15-3	人工挖渠道土方人力挑(抬)运输(Ⅳ类土)	24
1-16	人工挖渠道土方胶轮车运输	25
1-16-1	人工挖渠道土方胶轮车运输(Ⅰ～Ⅱ类土)	25
1-16-2	人工挖渠道土方胶轮车运输(Ⅲ类土)	25
1-16-3	人工挖渠道土方胶轮车运输(Ⅳ类土)	26
1-17	人工挖平洞土方胶轮车运输	26
1-17-1	人工挖平洞土方胶轮车运输(Ⅲ类土)	26
1-17-2	人工挖平洞土方胶轮车运输(Ⅳ类土)	27
1-18	人工挖平洞土方斗车运输	28
1-18-1	人工挖平洞土方斗车运输(Ⅲ类土)	28
1-18-2	人工挖平洞土方斗车运输(Ⅳ类土)	29
1-19	人工挖孔桩土方卷扬机提升吊斗运输	30
1-19-1	人工挖孔桩土方卷扬机提升吊斗运输(斗容0.18 m³)	30
1-19-2	人工挖孔桩土方卷扬机提升吊斗运输(斗容0.6 m³)	31
1-20	人工装土机动翻斗车运输	32
1-21	人工装卸土手扶式拖拉机运输	33
1-22	人工装卸土中型拖拉机运输	33
1-22-1	人工装卸土中型拖拉机运输(运距1 km～2 km)	33
1-22-2	人工装卸土中型拖拉机运输(运距3 km～4 km)	34
1-22-3	人工装卸土中型拖拉机运输(运距5 km、增运1 km)	34
1-23	人工装土自卸汽车运输	35
1-23-1	人工装土自卸汽车运输(运距1 km～2 km)	35
1-23-2	人工装土自卸汽车运输(运距3 km～4 km)	35
1-23-3	人工装土自卸汽车运输(运距5 km、增运1 km)	36
1-24	人工装卸土载重汽车运输	36
1-24-1	人工装卸土载重汽车运输(运距1 km～2 km)	36
1-24-2	人工装卸土载重汽车运输(运距3 km～4 km)	37
1-24-3	人工装卸土载重汽车运输(运距5 km、增运1 km)	37
1-25	土方坡面运输	38
1-25-1	土方坡面运输(≤10°)	38
1-25-2	土方坡面运输(10°～20°)	39
1-25-3	土方坡面运输(20°～30°)	40
1-25-4	土方坡面运输(30°～45°)	41

1-26	推土机推土	42
1-26-1	推土机推土(55 kW 推土机)	42
1-26-2	推土机推土(74 kW 推土机)	43
1-26-3	推土机推土(88 kW 推土机)	45
1-26-4	推土机推土(103 kW 推土机)	46
1-26-5	推土机推土(118 kW 推土机)	48
1-26-6	推土机推土(132 kW 推土机)	49
1-26-7	推土机推土(176 kW 推土机)	51
1-26-8	推土机推土(235 kW 推土机)	52
1-26-9	推土机推土(301 kW 推土机)	54
1-27	2.75 m³ 铲运机铲运土	55
1-27-1	2.75 m³ 铲运机铲运土(Ⅰ～Ⅱ类土)	55
1-27-2	2.75 m³ 铲运机铲运土(Ⅲ类土)	56
1-27-3	2.75 m³ 铲运机铲运土(Ⅳ类土)	56
1-28	8.0 m³ 铲运机铲运土	57
1-28-1	8.0 m³ 铲运机铲运土(Ⅰ～Ⅱ类土)	57
1-28-2	8.0 m³ 铲运机铲运土(Ⅲ类土)	57
1-28-3	8.0 m³ 铲运机铲运土(Ⅳ类土)	58
1-29	12 m³ 自行式铲运机铲运土	58
1-29-1	12 m³ 自行式铲运机铲运土(Ⅰ～Ⅱ类土)	58
1-29-2	12 m³ 自行式铲运机铲运土(Ⅲ类土)	59
1-29-3	12 m³ 自行式铲运机铲运土(Ⅳ类土)	59
1-30	挖掘机挖土方	60
1-30-1	挖掘机挖土方(Ⅰ～Ⅲ类土)	60
1-30-2	挖掘机挖土方(Ⅲ～Ⅳ类土)	60
1-31	装载机挖运土	61
1-31-1	装载机挖运土(Ⅰ～Ⅱ类土)	61
1-31-2	装载机挖运土(Ⅲ类土)	64
1-31-3	装载机挖运土(Ⅳ类土)	68
1-32	机械挖基坑土方、淤泥、流砂	71
1-33	1.0 m³ 挖掘机挖装土自卸汽车运输	72
1-34	2.0 m³ 挖掘机挖装土自卸汽车运输	73
1-35	3.0 m³ 挖掘机挖装土自卸汽车运输	76
1-36	1.0 m³ 装载机挖装土自卸汽车运输	79
1-37	1.5 m³ 装载机挖装土自卸汽车运输	81
1-38	2.0 m³ 装载机挖装土自卸汽车运输	84
1-39	3.0 m³ 装载机挖装土自卸汽车运输	87
1-40	0.6 m³ 液压反铲挖掘机挖渠道土方自卸汽车运输	90
1-41	1.0 m³ 液压反铲挖掘机挖渠道土方自卸汽车运输	91
1-42	2.0 m³ 液压反铲挖掘机挖渠道土方自卸汽车运输	93

1-43	土料翻晒	96
1-44	回填土石	97
1-45	自行式凸块振动碾压实	97
1-46	羊角碾压实	98
1-47	轮胎碾压实	98
1-48	拖拉机压实	99
1-49	土隧洞木支撑	99
1-50	人工清淤	100
1-51	挖掘机挖淤泥、流砂	100
1-52	0.6 m³ 挖掘机挖淤泥、流砂自卸汽车运输	101
1-53	1.0 m³ 挖掘机挖淤泥、流砂自卸汽车运输	102
1-54	2.0 m³ 挖掘机挖淤泥、流砂自卸汽车运输	104

2 石方工程 ·· 107
  说 明 ·· 107

2-1	坡面基岩面整修	109
2-2	人工清除危岩	109
2-3	开挖石方(静态爆破)	110
2-4	机械破碎石方(挖掘机破碎)	110
2-5	机械破碎石方(风镐破碎)	111
2-6	漂(孤)石爆破分解	111
2-7	水磨钻开挖石方	112
2-8	石方坡面运输	112
2-9	一般石方开挖——风钻钻孔	116
2-10	一般石方开挖——80型潜孔钻钻孔	117
2-11	一般石方开挖——100型潜孔钻钻孔	118
2-12	一般石方开挖——150型潜孔钻钻孔	119
2-13	一般石方开挖——φ64～76液压钻钻孔	121
2-14	一般石方开挖——φ89～102液压钻钻孔	122
2-15	一般坡面石方开挖	123
2-16	底部保护层石方开挖	124
2-17	坡面保护层石方开挖	125
2-18	沟槽石方开挖	125
2-19	坡面沟槽石方开挖	127
2-20	坑石方开挖	129
2-21	预裂爆破——100型潜孔钻钻孔	131
2-22	预裂爆破——150型潜孔钻钻孔	132
2-23	预裂爆破——液压钻钻孔	132
2-24	平洞石方开挖——风钻钻孔	133
2-25	平洞石方开挖——二臂液压凿岩石车	135
2-26	平洞石方开挖——三臂液压凿岩石车	136

2-27	人工挖孔桩石方开挖——风钻钻孔	138
2-28	平洞超挖石方(机械装渣)	140
2-29	平洞超挖石方(人工装渣)	140
2-30	1.0 m³ 挖掘机装石渣汽车运输	141
2-31	2.0 m³ 挖掘机装石渣汽车运输	143
2-32	3.0 m³ 挖掘机装石渣汽车运输	146
2-33	1.0 m³ 装载机装石渣汽车运输	151
2-34	1.5 m³ 装载机装石渣汽车运输	153
2-35	2.0 m³ 装载机装石渣汽车运输	155
2-36	3.0 m³ 装载机装石渣汽车运输	159
2-37	推土机推运石渣	163
2-38	平洞石渣运输	166
2-39	人工挖孔桩石渣运输	167
2-40	人工装胶轮车运石渣	167
2-41	人工装机动翻车运石渣	168
2-42	隧洞钢支撑	168
2-43	隧洞木支撑	169
2-44	格栅拱架制作及安装	169
2-45	防震孔、插筋孔——风钻钻孔	170
2-46	防震孔、插筋孔——80型潜孔钻钻孔	170
2-47	防震孔、插筋孔——100型潜孔钻钻孔	171
2-48	防震孔、插筋孔——液压履带钻钻孔	171
3	砌石工程	172
	说　明	172
3-1	石料表面加工	173
3-2	砌体开槽勾缝	173
3-3	浆砌沟渠	174
3-4	砌砖	175
3-5	石笼	175
3-6	人工铺筑连砂石	176
3-7	人工铺筑砂石垫层	176
3-8	人工抛石护底护岸	177
3-9	干砌块石	177
3-10	干砌混凝土预制块	178
3-11	浆砌块石	178
3-12	浆砌条料石	179
3-13	浆砌石拱圈	179
3-14	浆砌石衬砌	180
3-15	浆砌混凝土预制块	180
3-16	砌体砂浆抹面	181

3-17 砌体拆除 …………………………………………………………………………………… 181
3-18 拖拉机压实 ………………………………………………………………………………… 182
3-19 振动碾压实 ………………………………………………………………………………… 182
3-20 斜坡碾压 …………………………………………………………………………………… 183

总 说 明

一、本定额分为土方工程、石方工程、砌石工程、钻孔灌浆及锚固工程、模板工程、混凝土工程、生态恢复工程、其他工程、临时工程、材料运输,共10章及附录。

二、本定额适用于地质灾害防治工程项目、矿山地质环境恢复治理项目和地质遗迹保护项目等,是编制工程估算、概算、预算、招标控制价和竣工结算的依据。

三、本定额适用于海拔小于或等于2 000 m地区的工程项目。海拔大于2 000 m的地区,根据地质灾害防治工程所在地的海拔及规定的调整系数计算。海拔以地质灾害防治工程治理措施的高海拔为准。一个建设项目,可采用多个调整系数(表0-1)。

表0-1 高原地区人工、机械定额调整系数表

项 目	海拔/m					
	2 000~2 500	2 500~3 000	3 000~3 500	3 500~4 000	4 000~4 500	4 500~5 000
人 工	1.10	1.15	1.20	1.25	1.30	1.35
机 械	1.25	1.35	1.45	1.55	1.65	1.75

四、本定额不包括冬雨季和特殊地区气候影响施工的因素及增加的设施费用。

五、本定额按一日三班作业施工、每班8 h工作制拟定。若部分工程项目采用一日一班或两班制的,定额不作调整。

六、本定额的"工作内容",仅扼要说明各章节的主要施工过程及工序。次要的施工过程及工序和必要的辅助工作所需的人工、材料、机械也已包括在定额内。

七、本定额人工以"工时"、机械以"台(组)时"为计量单位。定额中人工、机械用量是指完成一个定额子目内容所需的全部人工和机械,包括基本工作,准备与结束,辅助生产,不可避免的中断,必要的休息,工程检查,交接班,班内工作干扰,夜间施工工效影响,常用工具和机械的维修、保养、加油、加水等全部工作。

八、定额中人工是指完成该定额子目工作内容所需的人工耗用量,包括基本用工和辅助用工。

九、材料消耗定额(含其他材料费、零星材料费)是指完成一个定额子目工作内容所需的全部材料耗用量。

1. 材料定额中,未列示品种、规格的,可根据设计选定的品种、规格计算,但定额数量不得调整。凡材料已列示了品种、规格的,编制预算单价时不予调整。

2. 材料定额中,凡一种材料分几种型号规格与材料名称同时并列的,则表示这些名称相同、规格不同的材料都应同时计价。

3. 其他材料费和零星材料费是指完成一个定额子目的工作内容所必需的未列量材料费。如工作面内高度小于5 m的脚手架、排架、操作平台等的摊销费,地下工程的照明费,混凝土工程的养护材料,石方工程的钻杆、空心钢等以及其他用量较少的材料。

4. 工作面50 m范围内的材料场内运输所需的人工、机械及费用,已包括在各定额子目中。

十、机械台时定额(含其他机械费)是指完成一个定额子目工作内容所需的主要机械及次要辅助机械使用费。

1. 机械定额中,凡数量以"组时"表示的,均按设计选定计算,定额数量不予调整。

2. 机械定额中,凡一种机械分几种型号规格与机械名称同时并列的,表示这些名称相同、规格不同的机械定额都应同时进行计价。

3. 其他机械费是指完成一个定额子目工作内容所必需的次要机械使用费,如混凝土浇筑现场运输中的次要机械。

十一、本定额中其他材料费、零星材料费、其他机械费均以费率形式表示,其计算基数如下:①其他材料费,以主要材料费之和为计算基数;②零星材料费,以人工费、机械费之和为计算基数;③其他机械费,以主要机械费之和为计算基数。

十二、定额用数字表示的适用范围:①只用一个数字表示的,仅适用于该数字本身。当需要选用的定额介于两子目之间时,可用插入法计算;②数字用上下限表示的,如 2 000~2 500,适用于大于 2 000、小于或等于 2 500 的数字范围。

十三、各章的挖掘机定额均按液压挖掘机拟定。

十四、除第 10 章外的各章汽车运输定额,适用于地质灾害防治工程施工路况 10 km 以内的运输。运距超过 10 km 时,超过部分按增运 1 km 的台时数乘以 0.75 的系数计算。

十五、本定额中的人力运输定额,如在有坡度的施工场地运输,应按实际斜距乘以坡度折平系数(表 0-2、表 0-3)调整折算为该段水平距离长度。

表 0-2 人力搬、背、挑运、骡马运输折算系数

项目	上坡		下坡	
	5°~30°	>30°	16°~30°	>30°
系数/%	1.8	3.5	1.3	1.9

表 0-3 人力胶轮车运输折算系数

项目	上坡		下坡	
	3°~10°	>10°	≤10°	>10°
系数/%	2.5	4.0	1.0	2.0

十六、本定额均以工程设计几何轮廓尺寸进行计算的工程量为计量单位,即由完成每一有效单位实体所消耗的人工、材料、机械的数量定额组成。不构成实体的超挖及超填量、施工附加量未计入定额。

十七、各定额章节说明或附注有关的定额的调整系数,除注明外,一般均按连乘计算。

十八、本定额混凝土、水泥砂浆标号分别采用 C20(粗砂、卵石、2 级配、水泥 32.5)、M7.5,如涉及规定的混凝土和砂浆标号与定额不同时可换算,但定额人工、机械数量不变。所有混凝土、砂浆相关定额中不包含混凝土拌制、混凝土运输、砂浆拌制和砂浆运输,计算时按设计建议的拌制和运输方式选用相应定额。

十九、本定额中的"工料机代号"系编制概算采用计算机计算时人工、材料、机械名称识别的符号,不可随意变动。编制补充定额时,遇新增材料或机械名称,可取相近品种材料或机械代号间的空号代替。

1 土方工程

说　明

一、本章包括土方开挖、运输、压实等定额共54节,适用于地质灾害防治工程的土方工程。

二、土方定额的计量单位,除注明外,均按自然方计算。

三、土方定额的名称如下。

自然方:指未经扰动的自然状态的土方。

松方:指自然方经人工或机械开挖而松动过的土方。

实方:指填筑(回填)并经过压实后的成品方。

四、土类级别划分,除冻土外,均按土石十六级分类法的前四级划分。

五、土方开挖和填筑工程,除定额规定的工作内容外,还包括挖小排水沟、交通指挥、安全设施及取土场和卸土场的小路修筑与维护等工作。

六、一般土方开挖定额,适用于一般明挖土方工程和上口宽超过16 m的渠道及上口面积大于80 m^2 柱坑土方工程。

七、渠道土方开挖定额,适用于上口宽小于或等于16 m的梯形断面、长条形、底边需要修整的渠道土方工程。

八、沟槽土方开挖定额,适用于上口宽小于或等于4 m矩形断面,或边坡陡于1∶0.5的梯形断面,长度大于宽度3倍的长条形,只修底不修边坡的土方工程,如截水墙、齿墙等各类墙基和电缆沟等。

九、柱坑土方开挖定额,适用于上口面积小于或等于80 m^2,宽度大于长度3倍,深度小于上口短边长度或直径,四侧垂直或边坡陡于1∶0.5,不修边坡只修底的坑挖工程,如集水坑、柱坑、机座等工程。

十、平洞土方开挖定额,适用于水平夹角小于或等于6°,断面积大于2.5 m^2 的各型隧洞洞挖工程。

十一、砂砾(卵)石开挖和运输,按Ⅳ类土定额计算。

十二、采用1-40、1-41、1-42节定额,不需要修边修底时,每100 m^3 减少14个人工工时。

十三、推土机的推土距离和铲运机的铲运距离是指取土中心至卸土中心的平均距离,推土机推松土时,定额乘以0.8的系数。

十四、挖掘机、装载机挖装土(含渠道土方)自卸汽车运输各节,适用于Ⅲ类土。Ⅰ、Ⅱ类土和Ⅳ类土按表1-1所列系数进行调整。

表1-1　调整系数1

项目	人工	机械
Ⅰ、Ⅱ类土	0.91	0.91
Ⅲ类土	1	1
Ⅳ类土	1.09	1.09

十五、人工装土,机动翻斗车、手扶拖拉机、中型拖拉机、自卸汽车、载重汽车运输各节若要考虑挖土,挖土按1-4节定额计算。

十六、挖掘机或装载机挖土(含渠道土方)汽车运输各节已包括卸料场配备的推土机定额在内。

十七、挖掘机、装载机挖装土料自卸汽车运输定额,系按挖装自然方拟定。如挖装松土时,其中人工及挖装机械乘以0.85的系数。

十八、压实定额均按压实成品方计,根据技术要求和施工必须增加的损耗,在计算压实工程的备料量和运输量时,按如下方式计算:综合系数A,包括开挖、运输、雨后清理、边坡削坡、施工沉陷、取土坑、试验坑和不可避免的压坏等损耗因素,根据不同的施工方法和回填料按表1-2选取A值,使用时不再调整。

表1-2 调整系数2

项目	A/%	项目	A/%
机械填筑混合土石料	5.86	机械填筑均质土料	4.93
人工填筑土料	3.43	砂砾、反滤料	2.20

十九、1-17、1-18节定额中的轴流通风机台时数量,是按一个工作面长200 m拟定的,如超过200 m,按定额乘以表1-3中的系数。

表1-3 调整系数3

隧洞工作面长/m	调整系数	隧洞工作面长/m	调整系数
200	1.00	300	1.33
400	1.50	500	1.80
600	2.00	700	2.28
800	2.50	900	2.78
1 000	3.00		

二十、工程量计算规则如下。

1. 按设计图示轮廓尺寸范围以内的有效自然方体积计算。

2. 开挖需要放坡时应根据设计文件中设计图或施工组织设计规定放坡,并计算相应自然方体积。如设计文件中设计图和施工组织设计无规定时,倒坡按照工程实体底部边界线垂直开挖,其他坡度按工程实体与土方接触面计算开挖方量。

3. 开挖需要工作面时应根据设计文件中设计图或施工组织设计规定计算,如无规定,则不考虑工作面。

4. 夹有孤石的土方开挖,大于0.7 m^3的孤石按石方开挖计算。

5. 土方回填按设计图示压实体积计算。

1-1 人工伐树、清除灌木、草皮

1-1-1 砍小树林、铲草皮

工作内容：1. 砍小树——砍挖清除，堆放一边。
　　　　　2. 铲草皮——清除施工场地的草皮及表层土。
适用范围：建设及施工场地内砍小树林、铲草皮。

单位：100 m²

定额编号			D010001	D010002	D010003	D010004	D010005	D010006
项目			砍小树林		铲草皮			
			树林密度/株·100 m⁻²		表层厚度/cm			
			20～150	>150	≤5	5～10	10～20	20～30
名称	单位	代号	数量					
人工	工时	11010	42.30	50.10	5.00	8.00	16.10	23.20
零星材料费	%	11998	5.00	5.00	5.00	5.00	5.00	5.00

1-1-2 伐树、挖树根

工作内容：1. 伐树——砍树、堆放。
　　　　　2. 挖树根——挖除、堆放。
适用范围：建设及施工场地内砍小树林、铲草皮。

单位：100 株

定额编号			D010007	D010008	D010009	D010010	D010011	D010012
项目			伐树					
			树身直径/cm					
			20～40	40～60	60～80	80～100	100～120	120～140
名称	单位	代号	数量					
人工	工时	11010	59.30	116.60	184.90	337.30	625.30	1 355.10
零星材料费	%	11998	5.00	5.00	5.00	5.00	5.00	5.00

工作内容:1. 伐树——砍树、堆放。
　　　　2. 挖树根——挖除、堆放。
适用范围:建设及施工场地内砍小树林、铲草皮。

单位:100 株

定额编号			D010013	D010014	D010015	D010016	D010017	D010018
项目			伐树	挖树根				
			树身直径/cm					
			140～150	200～400	400～600	600～800	800～1 000	>1 000
名称	单位	代号	数量					
人工	工时	11010	2 478.40	312.70	1 118.60	2 826.80	5 014.40	7 855.30
零星材料费	%	11998	5.00	5.00	5.00	5.00	5.00	5.00

工作内容:1. 伐树——砍树、堆放。
　　　　2. 挖树根——挖除、堆放。
适用范围:建设及施工场地内砍小树林、铲草皮。

单位:100 株

定额编号			D010019	D010020
项目			推土机推挖树根	
			推土机 88 kW	推土机 103 kW
名称	单位	代号	数量	
人工	工时	11010	8.00	8.00
零星材料费	%	11998	10.00	10.00
推土机 功率88 kW	台时	01044	5.55	—
推土机 功率103 kW	台时	01045	—	3.89

1-1-3 割草、推土机推除草皮

工作内容:推土机推除草皮至场外。
适用范围:建设及施工场地内铲草皮。

单位:100 m²

定额编号			D010021	D010022	D010023	D010024
项目			人工割草,推土机推除草皮		推土机推除草与草皮	
			推土机 88 kW	推土机 103 kW	推土机 88 kW	推土机 103 kW
名称	单位	代号	数量			
人工	工时	11010	32.20	32.20	1.90	1.90
零星材料费	％	11998	7.00	7.00	7.00	7.00
推土机 功率88 kW	台时	01044	1.25	—	1.40	—
推土机 功率103 kW	台时	01045	—	1.25	—	1.41

1-2 人工修整坡面

1-2-1 人工修整坡面(Ⅰ～Ⅱ类土)

工作内容:1. 挖方边坡——按设计边坡挂线、修整。
　　　　　2. 填方边坡——按设计边坡挂线、修整、拍平。
适用范围:本定额仅适用于格构梁工程中边坡修整。

单位:100 m²

定额编号			D010025	D010026	D010027	D010028	D010029
项目			挖方边坡				
			平均修整厚度/m				
			<0.2	0.2	0.3	0.4	0.5
名称	单位	代号	数量				
人工	工时	11010	11.10	19.00	23.20	27.10	31.20

注:修整边坡不含修坡土方运输。

1-2-2 人工修整坡面（Ⅲ类土）

工作内容：1. 挖方边坡——按设计边坡挂线、修整。
　　　　　2. 填方边坡——按设计边坡挂线、修整、拍平。
适用范围：本定额仅适用于格构梁工程中边坡修整。

单位：100 m²

定额编号			D010030	D010031	D010032	D010033	D010034
项目			挖方边坡				
			平均修整厚度/m				
			<0.2	0.2	0.3	0.4	0.5
名称	单位	代号	数量				
人工	工时	11010	15.10	32.00	40.30	49.50	57.10

注：修整边坡不含修坡土方运输。

1-2-3 人工修整坡面（Ⅳ类土）

工作内容：1. 挖方边坡——按设计边坡挂线、修整。
　　　　　2. 填方边坡——按设计边坡挂线、修整、拍平。
适用范围：本定额仅适用于格构梁工程中边坡修整。

单位：100 m²

定额编号			D010035	D010036	D010037	D010038	D010039
项目			挖方边坡				
			平均修整厚度/m				
			<0.2	0.2	0.3	0.4	0.5
名称	单位	代号	数量				
人工	工时	11010	24.20	52.00	66.40	79.40	93.20

注：修整边坡不含修坡土方运输。

1-2-4 人工修整坡面（Ⅰ～Ⅳ类土）

工作内容：1. 挖方边坡——按设计边坡挂线、修整。
　　　　　2. 填方边坡——按设计边坡挂线、修整、拍平。
适用范围：本定额仅适用于格构梁工程中边坡修整。

单位：100 m²

定额编号			D010040	D010041	D010042	D010043	D010044
项目			填方边坡				
			平均修整厚度/m				
			<0.2	0.2	0.3	0.4	0.5
名称	单位	代号	数量				
人工	工时	11010	15.10	23.10	27.10	31.20	34.00

注：修整边坡不含修坡土方运输。

1-3 机械修整边坡

1-3-1 机械修整边坡（Ⅰ～Ⅲ类土）

工作内容：按设计边坡挂线，机械修整，人工配合修边、修坡。
适用范围：本定额仅适用于格构梁工程中边坡修整。

单位：100 m²

定额编号			D010045	D010046	D010047	D010048	D010049	D010050
项目			液压反铲挖掘机修整边坡					
			Ⅰ～Ⅱ类土			Ⅲ类土		
			挖掘机 0.6 m³	挖掘机 1.0 m³	挖掘机 1.6 m³	挖掘机 0.6 m³	挖掘机 1.0 m³	挖掘机 1.6 m³
名称	单位	代号	数量					
人工	工时	11010	152.20	152.20	152.20	172.40	172.40	172.40
零星材料费	%	11998	4.00	4.00	4.00	4.00	4.00	4.00
单斗挖掘机 液压 斗容0.6 m³	台时	01008	3.05	—	—	3.48	—	—
单斗挖掘机 液压 斗容1.0 m³	台时	01009	—	2.02	—	—	2.31	—
单斗挖掘机 液压 斗容1.6 m³	台时	01010	—	—	1.59	—	—	1.80
其他机械费	%	11999	5.00	5.00	5.00	5.00	5.00	5.00

注：本定额削坡平均厚度为20 cm，其他厚度可折算。

1-3-2 机械修整边坡(Ⅳ类土)

工作内容:按设计边坡挂线,机械修整,人工配合修边、修坡。

适用范围:本定额仅适用于格构梁工程中边坡修整。

单位:100 m²

定额编号			D010051	D010052	D010053
项目			液压反铲挖掘机修整边坡		
			挖掘机 0.6 m³	挖掘机 1.0 m³	挖掘机 1.6 m³
名称	单位	代号	数量		
人工	工时	11010	199.60	199.60	199.60
零星材料费	%	11998	4.00	4.00	4.00
单斗挖掘机 液压 斗容 0.6 m³	台时	01008	3.99	—	—
单斗挖掘机 液压 斗容 1.0 m³	台时	01009	—	2.65	—
单斗挖掘机 液压 斗容 1.6 m³	台时	01010	—	—	2.07
其他机械费	%	11999	5.00	5.00	5.00

注:本定额削坡平均厚度为 20 cm,其他厚度可折算。

1-4 人工挖一般土方

工作内容:挖松,就近堆放。

适用范围:一般土方开挖。

单位:100 m³

定额编号			D010054	D010055	D010056
项目			土类级别		
			Ⅰ～Ⅱ	Ⅲ	Ⅳ
名称	单位	代号	数量		
人工	工时	11010	42.10	82.40	137.20
零星材料费	%	11998	5.00	5.00	5.00

注:增加 20 cm 以外的削坡按土方开挖计算。

1-5 人工挖冻土方

工作内容:1. 人力开挖——挖冻土。
2. 松动爆破——掏眼、装眼、填塞、爆破、安全处理及挖土。

单位:100 m³

定额编号			D010057	D010058	D010059	D010060
项目			厚度/cm		装运卸 50 m	增运 50 m
			≤40	>40		
			人力开挖	松动爆破		
名称	单位	代号	数量			
人工	工时	11010	529.60	155.20	123.10	18.20
炸药	kg	43015	—	10.03	—	—
导火线	m	43003	—	50.19	—	—
雷管	个	43009	—	15.06	—	—
其他材料费	%	11997	—	2.00	—	—
零星材料费	%	11998	2.00	—	2.00	—
胶轮车	台时	03074	—	—	74.35	10.50

注:增加 20 cm 以外的削坡按土方开挖计算。

1-6 人工挖一般土方人力挑(抬)运输

工作内容:挖土、装筐、运卸、空回。
适用范围:一般土方挖运。

单位:100 m³

定额编号			D010061	D010062	D010063	D010064	D010065	D010066
项目			挖装运≤20 m			增运 10 m		
			土类级别					
			Ⅰ~Ⅱ	Ⅲ	Ⅳ	Ⅰ~Ⅱ	Ⅲ	Ⅳ
名称	单位	代号	数量					
人工	工时	11010	167.70	223.70	294.00	18.30	20.40	21.80
零星材料费	%	11998	2.00	2.00	2.00	—	—	—

注:增加 20 cm 以外的削坡按土方开挖计算。

1-7 人工挖一般土方胶轮车运输

工作内容：挖土、装筐、运卸、空回。
适用范围：一般土方挖运。

单位：100 m³

定额编号			D010067	D010068	D010069	D010070
项目			挖装运≤50 m			增运50 m
			土类级别			
			Ⅰ～Ⅱ	Ⅲ	Ⅳ	
名称	单位	代号	数量			
人工	工时	11010	134.70	192.30	261.10	18.30
零星材料费	%	11998	2.00	2.00	2.00	—
胶轮车	台时	03074	56.47	65.48	74.39	10.43

注：增加20 cm以外的削坡按土方开挖计算。

1-8 人工挖倒沟槽土方

1-8-1 人工挖倒沟槽土方（Ⅰ～Ⅱ类土）

工作内容：挖土、修底，将土倒运至槽边两侧0.5 m以外。

单位：100 m³

定额编号			D010071	D010072	D010073	D010074	D010075
项目			上口宽度/m				
			≤1		1～2		
			深度/m				
			≤1	1～1.5	1.5～2		2～3
名称	单位	代号	数量				
人工	工时	11010	129.40	128.40	126.30	143.50	166.50
零星材料费	%	11998	4.00	4.00	4.00	4.00	4.00

工作内容：挖土、修底，将土倒运至槽边两侧0.5 m以外。

单位：100 m³

定额编号			D010076	D010077	D010078	D010079
项目			上口宽度/m			
			2～4			
			深度/m			
			1～1.5	1.5～2	2～3	3～4
名称	单位	代号	数量			
人工	工时	11010	125.00	141.50	163.70	192.50
零星材料费	％	11998	4.00	4.00	4.00	4.00

1-8-2 人工挖倒沟槽土方（Ⅲ类土）

工作内容：挖土、修底，将土倒运至槽边两侧0.5 m以外。

单位：100 m³

定额编号			D010080	D010081	D010082	D010083	D010084	D010085
项目			上口宽度/m					
			≤1	1～2			2～4	
			深度/m					
			≤1	1～1.5	1.5～2	2～3	1～1.5	
名称	单位	代号	数量					
人工	工时	11010	214.00	209.50	207.30	224.80	250.00	202.80
零星材料费	％	11998	3.00	3.00	3.00	3.00	3.00	3.00

工作内容：挖土、修底，将土倒运至槽边两侧 0.5 m 以外。

单位：100 m³

定额编号			D010086	D010087	D010088
项目			上口宽度/m		
			2～4		
			深度/m		
			1.5～2	2～3	3～4
名称	单位	代号	数量		
人工	工时	11010	221.90	247.30	276.50
零星材料费	%	11998	3.00	3.00	3.00

1-8-3 人工挖倒沟槽土方（Ⅳ类土）

工作内容：挖土、修底，将土倒运至槽边两侧 0.5 m 以外。

单位：100 m³

定额编号			D010089	D010090	D010091	D010092	D010093	D010094
项目			上口宽度/m					
			≤1	1～2		2～4		
			深度/m					
			≤1	1～1.5	1.5～2	2～3	1～1.5	
名称	单位	代号	数量					
人工	工时	11010	330.90	322.40	318.10	336.00	364.60	309.40
零星材料费	%	11998	2.00	2.00	2.00	2.00	2.00	2.00

注1：本定额按上口宽规定了一定深度，超过此深度本定额不适用，应采取其他施工方法。
注2：本定额不包括修边，如需要修边时，不同上口、不同土质类别，按下表增加。

Ⅰ～Ⅱ类土	工时	30.8	32.9	15.4	15.4	16.8	8.4	8.4	9.8	11.2
Ⅲ类土	工时	42.7	46.2	21.0	21.7	23.1	11.2	11.9	13.3	15.4
Ⅳ类土	工时	67.2	72.8	32.9	34.3	36.4	18.2	18.9	21.0	24.5

工作内容：挖土、修底，将土倒运至槽边两侧0.5 m以外。

单位：100 m³

定额编号			D010095	D010096	D010097
项目			上口宽度/m		
			2～4		
			深度/m		
			1.5～2	2～3	3～4
名称	单位	代号	数量		
人工	工时	11010	329.70	356.10	390.90
零星材料费	％	11998	2.00	2.00	2.00
注：注同前表。					

1-9 人工挖沟槽土方人力挑（抬）运输

1-9-1 人工挖沟槽土方人力挑（抬）运输（Ⅰ～Ⅱ类土）

工作内容：1. 挖土——挖土修底。
2. 挖运——挖土、装筐、挑（抬）运、修底。

单位：100 m³

定额编号			D010098	D010099	D010100	D010101	D010102	D010103
项目			上口宽度/m					
			≤1		1～2		2～4	
			挖土	挖运10 m	挖土	挖运10 m	挖土	挖运10 m
名称	单位	代号	数量					
人工	工时	11010	69.30	197.90	63.40	191.90	59.00	187.40
零星材料费	％	11998	8.00	2.00	8.00	2.00	8.00	2.00
注：本定额不包括修边，如需修边时，采用1-15节人工挖渠道土方挑（抬）运土定额。								

单位：100 m³

定额编号			D010104
项目			增运10 m
名称	单位	代号	数量
人工	工时	11010	18.60

1-9-2 人工挖沟槽土方人力挑(抬)运输(Ⅲ类土)

工作内容：1. 挖土——挖土修底。
2. 挖运——挖土、装筐、挑(抬)运、修底。

单位：100 m³

定额编号			D010105	D010106	D010107	D010108	D010109	D010110
项目			上口宽度/m					
			≤1		1～2		2～4	
			挖土	挖运 10 m	挖土	挖运 10 m	挖土	挖运 10 m
名称	单位	代号	数量					
人工	工时	11010	142.30	280.20	132.70	269.80	126.90	265.50
零星材料费	‰	11998	4.00	2.00	4.00	2.00	4.00	2.00

注：本定额不包括修边，如需修边时，采用1-15节人工挖渠道土方挑(抬)运土定额。

单位：100 m³

定额编号			D010111
项目			增运 10 m
名称	单位	代号	数量
人工	工时	11010	20.80

1-9-3 人工挖沟槽土方人力挑(抬)运输(Ⅳ类土)

工作内容：1. 挖土——挖土修底。
2. 挖运——挖土、装筐、挑(抬)运、修底。

单位：100 m³

定额编号			D010112	D010113	D010114	D010115	D010116	D010117
项目			上口宽度/m					
			≤1		1～2		2～4	
			挖土	挖运 10 m	挖土	挖运 10 m	挖土	挖运 10 m
名称	单位	代号	数量					
人工	工时	11010	247.40	397.20	230.20	378.00	218.10	368.40
零星材料费	‰	11998	2.00	2.00	2.00	2.00	2.00	2.00

注：本定额不包括修边，如需修边时，采用1-15节人工挖渠道土方挑(抬)运土定额。

单位：100 m³

定额编号			D010118
项目			增运 10 m
名称	单位	代号	数量
人工	工时	11010	21.90

1-10 人工挖倒柱坑土方

1-10-1 人工挖倒柱坑土方(Ⅰ～Ⅱ类土)

工作内容:挖土、修底,将土倒运至坑边 0.5 m 以外。

单位:100 m³

定额编号			D010119	D010120	D010121	D010122	D010123
项目			上口面积/m²				
			≤5		5～10		
			深度/m				
			≤1.5	1.5～2	≤1.5	1.5～2	2～3
名称	单位	代号	数量				
人工	工时	11010	134.50	151.50	129.80	147.10	169.60
零星材料费	‰	11998	3.00	3.00	3.00	3.00	3.00

工作内容:挖土、修底,将土倒运至坑边 0.5 m 以外。

单位:100 m³

定额编号			D010124	D010125	D010126	D010127
项目			上口面积/m²			
			10～20			
			深度/m			
			≤1.5	1.5～2	2～3	3～4
名称	单位	代号	数量			
人工	工时	11010	129.20	145.40	168.50	195.40
零星材料费	‰	11998	3.00	3.00	3.00	3.00

1-10-2 人工挖倒柱坑土方（Ⅲ类土）

工作内容：挖土、修底，将土倒运至坑边0.5 m以外。

单位：100 m³

定额编号			D010128	D010129	D010130	D010131	D010132
项目			上口面积/m²				
			≤5		5～10		
			深度/m				
			≤1.5	1.5～2	≤1.5	1.5～2	2～3
名称	单位	代号	数量				
人工	工时	11010	224.20	244.60	216.30	235.00	260.80
零星材料费	%	11998	2.00	2.00	2.00	2.00	2.00

工作内容：挖土、修底，将土倒运至坑边0.5 m以外。

单位：100 m³

定额编号			D010133	D010134	D010135	D010136
项目			上口面积/m²			
			10～20			
			深度/m			
			≤1.5	1.5～2	2～3	3～4
名称	单位	代号	数量			
人工	工时	11010	212.90	232.20	256.10	289.50
零星材料费	%	11998	2.00	2.00	2.00	2.00

1-10-3 人工挖倒柱坑土方(Ⅳ类土)

工作内容:挖土、修底,将土倒运至坑边 0.5 m 以外。

单位:100 m³

定额编号			D010137	D010138	D010139	D010140	D010141
项目			上口面积/m²				
			≤5		5～10		
			深度/m				
			≤1.5	1.5～2	≤1.5	1.5～2	2～3
名称	单位	代号	数量				
人工	工时	11010	346.10	365.60	335.00	355.10	380.00
零星材料费	‰	11998	1.00	1.00	1.00	1.00	1.00

注:本定额不包括修边,如需要修边时,不同上口面积、不同土质类别,按下表增加。

Ⅰ～Ⅱ类土	工时	23.1	24.5	18.2	18.9	21.0	12.6	12.6	13.3	14.7
Ⅲ类土	工时	32.2	32.9	25.2	26.6	28.7	17.5	18.2	18.9	20.3
Ⅳ类土	工时	50.4	51.8	39.9	40.2	45.5	26.6	28.0	29.4	32.2

工作内容:挖土、修底,将土倒运至坑边 0.5 m 以外。

单位:100 m³

定额编号			D010142	D010143	D010144	D010145
项目			上口面积/m²			
			10～20			
			深度/m			
			≤1.5	1.5～2	2～3	3～4
名称	单位	代号	数量			
人工	工时	11010	324.80	347.20	375.00	407.40
零星材料费	‰	11998	1.00	1.00	1.00	1.00

注:注同前表。

1-11 人工挖柱坑土方人力挑(抬)运输

1-11-1 人工挖柱坑土方人力挑(抬)运输(Ⅰ~Ⅱ类土)

工作内容:1. 挖土——挖土、修底。
　　　　 2. 挖运土——挖土、装筐、挑(抬)运、修底。

单位:100 m³

定额编号			D010146	D010147	D010148	D010149	D010150	D010151
项目			上口面积/m²					
			10~20		20~40		40~80	
			挖土	挖运10 m	挖土	挖运10 m	挖土	挖运10 m
名称	单位	代号	数量					
人工	工时	11010	66.00	193.70	63.10	193.00	60.90	188.70
零星材料费	%	11998	8.00	2.00	8.00	2.00	8.00	2.00

注:本定额不包括修边,如需要修边时,不同上口面积、不同土质类别,按下表增加。

Ⅰ~Ⅱ类土	工时	14.7	9.8	7.0
Ⅲ类土	工时	20.3	14.0	9.8
Ⅳ类土	工时	32.2	22.4	15.4

工作内容:1. 挖土——挖土、修底。
　　　　 2. 挖运土——挖土、装筐、挑(抬)运、修底。

单位:100 m³

定额编号			D010152
项目			增运10 m
名称	单位	代号	数量
人工	工时	11010	18.60

1-11-2 人工挖柱坑土方人力挑(抬)运输(Ⅲ类土)

工作内容:1. 挖土——挖土、修底。

2. 挖运土——挖土、装筐、挑(抬)运、修底。

单位:100 m³

定额编号			D010153	D010154	D010155	D010156	D010157	D010158
项目			上口面积/m²					
			10～20		20～40		40～80	
			挖土	挖运 10 m	挖土	挖运 10 m	挖土	挖运 10 m
名称	单位	代号	数量					
人工	工时	11010	140.20	279.30	135.50	273.50	128.90	267.10
零星材料费	％	11998	4.00	2.00	4.00	2.00	4.00	2.00

注:本定额不包括修边,如需要修边时,不同上口面积、不同土质类别,按下表增加。

Ⅰ～Ⅱ类土	工时	14.7	9.8	7.0
Ⅲ类土	工时	20.3	14.0	9.8
Ⅳ类土	工时	32.2	22.4	15.4

单位:100 m³

定额编号			D010159
项目			增运 10 m
名称	单位	代号	数量
人工	工时	11010	20.80

1-11-3 人工挖柱坑土方人力挑(抬)运输(Ⅳ类土)

工作内容:1. 挖土——挖土、修底。

2. 挖运土——挖土、装筐、挑(抬)运、修底。

单位:100 m³

定额编号			D010160	D010161	D010162	D010163	D010164	D010165
项目			上口面积/m²					
			10～20		20～40		40～80	
			挖土	挖运 10 m	挖土	挖运 10 m	挖土	挖运 10 m
名称	单位	代号	数量					
人工	工时	11010	241.30	389.90	231.80	380.80	221.60	369.10
零星材料费	％	11998	2.00	2.00	2.00	2.00	2.00	2.00

注:本定额不包括修边,如需要修边时,不同上口面积、不同土质类别,按下表增加。

Ⅰ～Ⅱ类土	工时	14.7	9.8	7.0
Ⅲ类土	工时	20.3	14.0	9.8
Ⅳ类土	工时	32.2	22.4	15.4

单位:100 m³

定额编号			D010166
项目			增运 10 m
名称	单位	代号	数量
人工	工时	11010	21.90

1-12 人力挖基坑土方人力提升

工作内容:跳板或扒杆安拆,人工挖装、吊运,双轮车运至坑口外 20 m,修整边坡及坑底面。

单位:100 m³

定额编号			D010167	D010168	D010169	D010170	D010171	D010172
项目			基坑深/m					
			≤1.5		1.5~3		3~6	
			无水	有水	无水	有水	无水	有水
名称	单位	代号	数量					
人工	工时	11010	208.40	346.20	263.30	374.10	382.80	597.80
零星材料费	%	11998	5.00	5.00	5.00	4.00	4.00	4.00

1-13 人力挖基坑淤泥、湿土、流砂

工作内容:挖装、运输、卸除、空回、洗刷工具。
适用范围:用泥兜、水桶挑(抬)运输。

单位:100 m³

定额编号			D010173	D010174	D010175	D010176
项目			人工挖运淤泥、流砂挖装运卸 50 m			
			一般淤泥	淤泥流砂	稀泥流砂	每增运 10 m 淤泥、稀泥流砂
名称	单位	代号	数量			
人工	工时	11010	369.00	459.90	591.30	23.00
零星材料费	%	11998	5.00	5.00	5.00	—

注1:泥质分类如下。
　　一般淤泥:指含水量较大、粘筐、粘铣、行走陷脚的淤泥,使用铁铣装,用泥兜或土箕运输。
　　淤泥流砂:含水量超过饱和状态的淤泥,虽然能使用楔铁开挖,但挖后的坑能平复无痕,挖而复涨,一般用铁铣开挖,用泥兜或水桶运输。
　　稀泥流砂:含水量超过饱和状态的稀淤泥,稍经扰动即成糊状,挖后随即平复无痕,只能用水斗掏起,用水桶运输。
注2:排水用工另计。

1-14 人力挖基坑土方卷扬机提升

工作内容:人工挖装,机械吊运,双轮车运至坑口外20 m,修整边坡及坑底面。

单位:100 m³

定额编号			D010177	D010178	D010179	D010180	D010181	D010182
项目			基坑深/m					
			≤3		3~6		6~9	
			无水	有水	无水	有水	无水	有水
名称	单位	代号	数量					
人工	工时	11010	215.30	371.30	268.30	472.90	293.10	519.60
零星材料费	％	11998	5.00	5.00	5.00	5.00	5.00	5.00
卷扬机单筒慢速起重量5.0 t	台时	04143	5.06	5.06	8.33	8.33	20.08	20.08

工作内容:人工挖装,机械吊运,双轮车运至坑口外20 m,修整边坡及坑底面。

单位:100 m³

定额编号			D010183	D010184
项目			基坑深/m	
			＞9	
			无水	有水
名称	单位	代号	数量	
人工	工时	11010	335.30	656.00
零星材料费	％	11998	5.00	5.00
卷扬机单筒慢速起重量5.0 t	台时	04143	22.60	22.60

1-15 人工挖渠道土方人力挑(抬)运输

1-15-1 人工挖渠道土方人力挑(抬)运输(Ⅰ～Ⅱ类土)

工作内容:1. 挖土——挖土、修边底。
　　　　2. 挖运——挖土、装筐、挑(抬)运、修边底。

单位:100 m³

定额编号			D010185	D010186	D010187	D010188	D010189	D010190
项目			上口宽度/m					
			≤1		1～2		2～4	
			挖土	挖运 10 m	挖土	挖运 10 m	挖土	挖运 10 m
名称	单位	代号	数量					
人工	工时	11010	114.30	241.00	93.90	222.80	80.60	209.30
零星材料费	%	11998	5.00	2.00	5.00	2.00	5.00	2.00

工作内容:1. 挖土——挖土、修边底。
　　　　2. 挖运——挖土、装筐、挑(抬)运、修边底。

单位:100 m³

定额编号			D010191	D010192	D010193	D010194	D010195
项目			上口宽度/m				增运 10 m
			4～8		8～16		
			挖土	挖运 10 m	挖土	挖运 10 m	
名称	单位	代号	数量				
人工	工时	11010	71.50	199.30	64.60	193.70	18.30
零星材料费	%	11998	5.00	2.00	5.00	2.00	—

1-15-2 人工挖渠道土方人力挑(抬)运输(Ⅲ类土)

工作内容：1. 挖土——挖土、修边底。
2. 挖运——挖土、装筐、挑(抬)运、修边底。

单位：100 m³

定额编号				D010196	D010197	D010198	D010199	D010200	D010201
项目				上口宽度/m					
				≤1		1～2		2～4	
				挖土	挖运 10 m	挖土	挖运 10 m	挖土	挖运 10 m
名称	单位	代号		数量					
人工	工时	11010		205.70	342.40	178.70	317.20	156.40	294.00
零星材料费	％	11998		3.00	2.00	3.00	2.00	3.00	2.00

单位：100 m³

定额编号				D010202	D010203	D010204	D010205	D010206
项目				上口宽度/m				增运 10 m
				4～8		8～16		
				挖土	挖运 10 m	挖土	挖运 10 m	
名称	单位	代号		数量				
人工	工时	11010		142.90	282.00	131.70	269.80	20.40
零星材料费	％	11998		3.00	2.00	3.00	2.00	—

1-15-3 人工挖渠道土方人力挑(抬)运输(Ⅳ类土)

工作内容：1. 挖土——挖土、修边底。
2. 挖运——挖土、装筐、挑(抬)运、修边底。

单位：100 m³

定额编号			D010207	D010208	D010209	D010210	D010211	D010212
项目			上口宽度/m					
			≤1		1～2		2～4	
			挖土	挖运 10 m	挖土	挖运 10 m	挖土	挖运 10 m
名称	单位	代号	数量					
人工	工时	11010	343.30	492.10	299.30	450.10	267.80	415.50
零星材料费	%	11998	2.00	2.00	2.00	2.00	2.00	2.00

单位：100 m³

定额编号			D010213	D010214	D010215	D010216	D010217
项目			上口宽度/m				增运 10 m
			4～8		8～16		
			挖土	挖运 10 m	挖土	挖运 10 m	
名称	单位	代号	数量				
人工	工时	11010	244.00	392.20	224.90	373.00	21.80
零星材料费	%	11998	2.00	2.00	2.00	2.00	—

1-16 人工挖渠道土方胶轮车运输

1-16-1 人工挖渠道土方胶轮车运输（Ⅰ~Ⅱ类土）

工作内容：1. 挖土——挖土、修边底。
2. 挖运——挖土、装车、运输、卸土、修边底。

单位：100 m³

定额编号			D010218	D010219	D010220	D010221	D010222
项目			上口宽度/m				增运20 m
			4~8		8~16		
			挖土	挖运20 m	挖土	挖运20 m	
名称	单位	代号	数量				
人工	工时	11010	71.90	172.60	64.80	165.00	7.80
零星材料费	％	11998	7.00	2.00	7.00	2.00	—
胶轮车	台时	03074	—	58.90	—	58.90	6.27

1-16-2 人工挖渠道土方胶轮车运输（Ⅲ类土）

工作内容：1. 挖土——挖土、修边底。
2. 挖运——挖土、装车、运输、卸土、修边底。

单位：100 m³

定额编号			D010223	D010224	D010225	D010226	D010227
项目			上口宽度/m				增运20 m
			4~8		8~16		
			挖土	挖运20 m	挖土	挖运20 m	
名称	单位	代号	数量				
人工	工时	11010	142.60	252.50	131.70	241.70	7.70
零星材料费	％	11998	4.00	2.00	4.00	2.00	—
胶轮车	台时	03074	—	64.00	—	64.00	6.25

1-16-3 人工挖渠道土方胶轮车运输（Ⅳ类土）

工作内容：1. 挖土——挖土、修边底。
　　　　　2. 挖运——挖土、装车、运输、卸土、修边底。

单位：100 m³

定额编号			D010228	D010229	D010230	D010231	D010232
项目			上口宽度/m				增运20 m
			4～8		8～16		
			挖土	挖运20 m	挖土	挖运20 m	
名称	单位	代号	数量				
人工	工时	11010	242.30	364.40	226.20	347.10	7.80
零星材料费	%	11998	2.00	2.00	2.00	2.00	—
胶轮车	台时	03074	—	69.47	—	69.47	6.30

1-17 人工挖平洞土方胶轮车运输

1-17-1 人工挖平洞土方胶轮车运输（Ⅲ类土）

工作内容：1. 挖土——挖土、修整断面、安全工作等。
　　　　　2. 挖运——挖土、装车、运输、卸土、空回、修整断面、安全工作等。
适用范围：土隧洞，含水量小于25%。

单位：100 m³

定额编号			D010233	D010234	D010235	D010236	D010237	D010238
项目			断面/m²					
			≤5			5～10		
			挖土	挖运20 m	增运20 m	挖土	挖运20 m	增运20 m
名称	单位	代号	数量					
人工	工时	11010	254.50	430.30	16.20	214.30	389.10	16.20
零星材料费	%	11998	—	2.00	1.00	—	2.00	1.00
胶轮车	台时	03074	—	71.04	12.00	—	71.04	12.00
轴流通风机 功率7.5 kW	台时	09068	39.70	39.70	—	26.57	26.57	—

工作内容:1. 挖土——挖土、修整断面、安全工作等。
2. 挖运——挖土、装车、运输、卸土、空回、修整断面、安全工作等。

适用范围:土隧洞,含水量小于25%。

单位:100 m³

定额编号			D010239	D010240	D010241
项目			断面/m²		
			10~20		
			挖土	挖运20 m	增运20 m
名称	单位	代号	数量		
人工	工时	11010	188.70	361.60	16.20
零星材料费	%	11998	2.00	1.00	—
胶轮车	台时	03074	—	71.04	12.00
轴流通风机 功率7.5 kW	台时	09068	15.61	15.61	—

1-17-2 人工挖平洞土方胶轮车运输(Ⅳ类土)

工作内容:1. 挖土——挖土、修整断面、安全工作等。
2. 挖运——挖土、装车、运输、卸土、空回、修整断面、安全工作等。

适用范围:土隧洞,含水量小于25%。

单位:100 m³

定额编号			D010242	D010243	D010244	D010245	D010246	D010247
项目			断面/m²					
			≤5			5~10		
			挖土	挖运20 m	增运20 m	挖土	挖运20 m	增运20 m
名称	单位	代号	数量					
人工	工时	11010	434.50	626.00	16.90	367.40	559.70	16.90
零星材料费	%	11998	2.00	1.00	—	2.00	1.00	—
胶轮车	台时	03074	—	76.90	12.60	—	76.90	12.60
轴流通风机 功率7.5 kW	台时	09068	61.29	61.29	—	40.94	40.94	—

工作内容：1. 挖土——挖土、修整断面、安全工作等。
2. 挖运——挖土、装车、运输、卸土、空回、修整断面、安全工作等。

适用范围：土隧洞，含水量小于25%。

单位：100 m³

定额编号			D010248	D010249	D010250
项目			断面/m²		
			10～20		
			挖土	挖运20 m	增运20 m
名称	单位	代号	数量		
人工	工时	11010	322.60	515.70	16.90
零星材料费	%	11998	2.00	1.00	—
胶轮车	台时	03074	—	76.90	12.60
轴流通风机 功率7.5 kW	台时	09068	24.09	24.09	—

1-18 人工挖平洞土方斗车运输

1-18-1 人工挖平洞土方斗车运输（Ⅲ类土）

工作内容：1. 挖土——挖土、修整断面、安全工作等。
2. 挖运——挖土、修整断面、装车、运输、卸土、道路维护、搬道叉、安全工作等。

单位：100 m³

定额编号			D010251	D010252	D010253	D010254	D010255	D010256
项目			断面/m²					
			≤5			5～10		
			挖土	挖运100 m	增运50 m	挖土	挖运100 m	增运50 m
名称	单位	代号	数量					
人工	工时	11010	254.20	494.80	15.50	213.50	451.80	15.50
零星材料费	%	11998	2.00	1.00	—	2.00	1.00	—
V形斗车 窄轨 容积0.6 m³	台时	03123	—	48.21	6.00	—	48.21	6.00
轴流通风机 功率7.5 kW	台时	09068	39.70	39.70	—	26.40	26.40	—

工作内容:1. 挖土——挖土、修整断面、安全工作等。
2. 挖运——挖土、修整断面、装车、运输、卸土、道路维护、搬道叉、安全工作等。

单位:100 m³

定额编号			D010257	D010258	D010259
项目			断面/m²		
			10~20		
			挖土	挖运100 m	增运50 m
名称	单位	代号	数量		
人工	工时	11010	188.30	425.30	15.50
零星材料费	%	11998	2.00	1.00	—
V形斗车 窄轨 容积0.6 m³	台时	03123	—	48.21	6.00
轴流通风机 功率7.5 kW	台时	09068	15.63	15.63	—

1-18-2 人工挖平洞土方斗车运输(Ⅳ类土)

工作内容:1. 挖土——挖土、修整断面、安全工作等。
2. 挖运——挖土、修整断面、装车、运输、卸土、道路维护、搬道叉、安全工作等。

单位:100 m³

定额编号			D010260	D010261	D010262	D010263	D010264	D010265
项目			断面/m²					
			≤5			5~10		
			挖土	挖运100 m	增运50 m	挖土	挖运100 m	增运50 m
名称	单位	代号	数量					
人工	工时	11010	432.80	698.20	16.20	368.00	629.30	16.20
零星材料费	%	11998	2.00	1.00	—	2.00	1.00	—
V形斗车 窄轨 容积0.6 m³	台时	03123	—	52.05	6.00	—	52.05	6.00
轴流通风机 功率7.5 kW	台时	09068	61.40	61.40	—	40.90	40.90	—

工作内容：1. 挖土——挖土、修整断面、安全工作等。
2. 挖运——挖土、修整断面、装车、运输、卸土、道路维护、搬道叉、安全工作等。

单位：100 m³

定额编号			D010266	D010267	D010268
项目			断面/m²		
			10～20		
			挖土	挖运100 m	增运50 m
名称	单位	代号	数量		
人工	工时	11010	321.20	583.60	16.20
零星材料费	％	11998	2.00	1.01	—
V形斗车 窄轨 容积 0.6 m³	台时	03123	—	52.05	6.00
轴流通风机 功率 7.5 kW	台时	09068	24.03	24.03	—

1-19 人工挖孔桩土方卷扬机提升吊斗运输

1-19-1 人工挖孔桩土方卷扬机提升吊斗运输（斗容 0.18 m³）

工作内容：挖土、修整断面、装斗（桶），卷扬机提升至井口 5 m 以外堆放。
适用范围：桩深 40 m 以内。

单位：100 m³

定额编号			D010269	D010270	D010271	D010272	D010273	D010274
项目			断面积/m²					
			≤5				5～10	
			土类级别					
			Ⅲ		Ⅳ		Ⅲ	
			井深 10 m	增深 10 m	井深 10 m	增深 10 m	井深 10 m	增深 10 m
名称	单位	代号	数量					
人工	工时	11010	636.10	45.40	895.10	51.30	582.30	59.50
零星材料费	％	11998	1.00	—	1.00	—	1.00	—
吊斗（桶）斗容 0.18 m³	台时	01137	68.71	10.57	75.41	11.39	58.98	10.57
卷扬机单筒慢速 起重量 1.0 t	台时	04140	68.71	10.57	75.41	11.39	58.98	10.57

工作内容:挖土、修整断面、装斗(桶),卷扬机提升至井口5 m以外堆放。

适用范围:桩深40 m以内。

单位:100 m³

定额编号			D010275	D010276	D010277	D010278	D010279	D010280
项目			断面积/m²					
			5～10		10～20			
			土类级别					
			Ⅳ		Ⅲ		Ⅳ	
			井深10 m	增深10 m	井深10 m	增深10 m	井深10 m	增深10 m
名称	单位	代号	数量					
人工	工时	11010	791.70	63.90	581.30	71.50	758.90	77.30
零星材料费	%	11998	1.00	—	1.00	—	1.00	—
吊斗(桶)斗容 0.18 m³	台时	01137	64.80	11.38	54.55	10.52	59.92	11.38
卷扬机单筒慢速 起重量1.0 t	台时	04140	64.80	11.38	54.55	10.52	59.92	11.38

1-19-2 人工挖孔桩土方卷扬机提升吊斗运输(斗容0.6 m³)

工作内容:挖土、修整断面、装斗(桶),卷扬机提升至井口5 m以外堆放。

适用范围:桩深40 m以内。

单位:100 m³

定额编号			D010281	D010282	D010283	D010284	D010285	D010286
项目			断面积/m²					
			≤5				5～10	
			土类级别					
			Ⅲ		Ⅳ		Ⅲ	
			井深10 m	增深10 m	井深10 m	增深10 m	井深10 m	增深10 m
名称	单位	代号	数量					
人工	工时	11010	509.70	14.70	760.50	15.20	423.10	18.10
零星材料费	%	11998	1.00	—	1.00	—	1.00	—
吊斗(桶)斗容 0.6 m³	台时	01137	40.11	3.18	44.87	3.42	30.83	3.18
卷扬机单筒慢速 起重量3.0 t	台时	04142	40.11	3.18	44.87	3.42	30.83	3.18

工作内容:挖土、修整断面、装斗(桶),卷扬机提升至井口5 m以外堆放。

适用范围:桩深40 m以内。

单位:100 m³

定额编号			D010287	D010288	D010289	D010290	D010291	D010292
项目			断面积/m²					
			5~10		10~20			
			土类级别					
			Ⅳ		Ⅲ		Ⅳ	
			井深10 m	增深10 m	井深10 m	增深10 m	井深10 m	增深10 m
名称	单位	代号	数量					
人工	工时	11010	621.30	19.80	383.70	21.50	551.10	23.10
零星材料费	%	11998	1.00	—	1.00	—	1.00	—
吊斗(桶)斗容0.6 m³	台时	01137	34.30	3.42	26.16	3.18	29.27	3.42
卷扬机单筒慢速起重量3.0 t	台时	04142	34.30	3.42	26.16	3.18	29.24	3.42

1-20 人工装土机动翻斗车运输

工作内容:装车、运输、卸土、空回。

单位:100 m³

定额编号			D010293	D010294	D010295	D010296	D010297	D010298
项目			运距/100 m					增运100 m
			1	2	3	4	5	
名称	单位	代号	数量					
人工	工时	11010	114.20	114.20	114.20	114.20	114.20	—
零星材料费	%	11998	1.00	1.00	1.00	1.00	1.00	—
机动翻斗车载重量1.0 t	台时	03076	27.55	30.33	33.06	35.33	37.80	2.20

1－21 人工装卸土手扶式拖拉机运输

工作内容：装车、运输、卸土、空回。

单位：100 m³

定额编号				D010299	D010300	D010301	D010302	D010303	D010304
项目				运距/100 m					增运100 m
				1	2	3	4	5	
名称	单位	代号		数量					
人工	工时	11010		148.60	148.60	148.60	148.60	148.60	—
零星材料费	%	11998		1.00	1.00	1.00	1.00	1.00	—
拖拉机 手扶式 功率11 kW	台时	01066		27.50	29.72	31.74	33.70	35.68	1.77

1－22 人工装卸土中型拖拉机运输

1－22－1 人工装卸土中型拖拉机运输（运距1 km～2 km）

工作内容：装车、运输、卸土、空回。

单位：100 m³

定额编号			D010305	D010306	D010307	D010308	D010309	D010310
项目			运距/km					
			1			2		
			20 kW拖拉机运输	26 kW拖拉机运输	37 kW拖拉机运输	20 kW拖拉机运输	26 kW拖拉机运输	37 kW拖拉机运输
名称	单位	代号	数量					
人工	工时	11010	165.60	165.60	165.60	165.60	165.60	165.60
零星材料费	%	11998	1.00	1.00	1.00	1.00	1.00	1.00
拖拉机 履带式 功率20 kW	台时	01057	35.70	—	—	43.82	—	—
拖拉机 履带式 功率26 kW	台时	01058	—	26.51	—	—	31.99	—
拖拉机 履带式 功率37 kW	台时	01059	—	—	21.23	—	—	25.23

1-22-2　人工装卸土中型拖拉机运输(运距3 km～4 km)

工作内容:装车、运输、卸土、空回。

单位:100 m³

定额编号			D010311	D010312	D010313	D010314	D010315	D010316
项目			运距/km					
			3			4		
			20 kW拖拉机运输	26 kW拖拉机运输	37 kW拖拉机运输	20 kW拖拉机运输	26 kW拖拉机运输	37 kW拖拉机运输
名称	单位	代号	数量					
人工	工时	11010	165.60	165.60	165.60	165.60	165.60	165.60
零星材料费	%	11998	1.00	1.00	1.00	1.00	1.00	1.00
拖拉机 履带式 功率20 kW	台时	01057	51.42	—	—	58.58	—	—
拖拉机 履带式 功率26 kW	台时	01058	—	37.09	—	—	41.62	—
拖拉机 履带式 功率37 kW	台时	01059	—	—	29.06	—	—	32.46

1-22-3　人工装卸土中型拖拉机运输(运距5 km、增运1 km)

工作内容:装车、运输、卸土、空回。

单位:100 m³

定额编号			D010317	D010318	D010319	D010320	D010321	D010322
项目			运距/km			增运/km		
			5			1		
			20 kW拖拉机运输	26 kW拖拉机运输	37 kW拖拉机运输	20 kW拖拉机运输	26 kW拖拉机运输	37 kW拖拉机运输
名称	单位	代号	数量					
人工	工时	11010	165.60	165.60	165.60	—	—	—
零星材料费	%	11998	1.00	1.00	1.00	—	—	—
拖拉机 履带式 功率20 kW	台时	01057	65.23	—	—	6.24	—	—
拖拉机 履带式 功率26 kW	台时	01058	—	46.07	—	—	4.18	—
拖拉机 履带式 功率37 kW	台时	01059	—	—	36.12	—	—	3.12

1-23 人工装土自卸汽车运输

1-23-1 人工装土自卸汽车运输(运距1 km~2 km)

工作内容:人工装车、运输、卸土、空回等。

适用范围:人工固定在装卸地点装卸,汽车在一般工地路面行驶,露天作业。

单位:100 m³

定额编号				D010323	D010324	D010325	D010326	D010327	D010328
项目				运距/km					
				1			2		
				3.5 t自卸汽车运输	5.0 t自卸汽车运输	8.0 t自卸汽车运输	3.5 t自卸汽车运输	5.0 t自卸汽车运输	8.0 t自卸汽车运输
名称	单位	代号		数量					
人工	工时	11010		122.60	122.60	122.60	122.60	122.60	122.60
零星材料费	％	11998		1.00	1.00	1.00	1.00	1.00	1.00
推土机 功率59 kW	台时	01042		0.30	0.30	0.30	0.30	0.30	0.30
自卸汽车 载重量3.5 t	台时	03011		19.64	—	—	23.73	—	—
自卸汽车 载重量5.0 t	台时	03012		—	14.77	—	—	17.54	—
自卸汽车 载重量8.0 t	台时	03013		—	—	12.01	—	—	13.70

1-23-2 人工装土自卸汽车运输(运距3 km~4 km)

工作内容:人工装车、运输、卸土、空回等。

适用范围:人工固定在装卸地点装卸,汽车在一般工地路面行驶,露天作业。

单位:100 m³

定额编号				D010329	D010330	D010331	D010332	D010333	D010334
项目				运距/km					
				3			4		
				3.5 t自卸汽车运输	5.0 t自卸汽车运输	8.0 t自卸汽车运输	3.5 t自卸汽车运输	5.0 t自卸汽车运输	8.0 t自卸汽车运输
名称	单位	代号		数量					
人工	工时	11010		122.60	122.60	122.60	122.60	122.60	122.60
零星材料费	％	11998		1.00	1.00	1.00	1.00	1.00	1.00
推土机 功率59 kW	台时	01042		0.30	0.30	0.30	0.30	0.30	0.30
自卸汽车 载重量3.5 t	台时	03011		27.60	—	—	31.44	—	—
自卸汽车 载重量5.0 t	台时	03012		—	19.93	—	—	22.45	—
自卸汽车 载重量8.0 t	台时	03013		—	—	15.22	—	—	16.83

1-23-3 人工装土自卸汽车运输(运距 5 km、增运 1 km)

工作内容:人工装车、运输、卸土、空回等。

适用范围:人工固定在装卸地点装卸,汽车在一般工地路面行驶,露天作业。

单位:100 m³

定额编号			D010335	D010336	D010337	D010338	D010339	D010340
项目			运距/km			增运 1 km		
			5					
			3.5 t 自卸汽车运输	5.0 t 自卸汽车运输	8.0 t 自卸汽车运输	3.5 t 自卸汽车运输	5.0 t 自卸汽车运输	8.0 t 自卸汽车运输
名称	单位	代号	数量					
人工	工时	11010	122.60	122.60	122.60	—	—	—
零星材料费	%	11998	1.00	1.00	1.00	—	—	—
推土机功率 59 kW	台时	01042	0.30	0.30	0.30	—	—	—
自卸汽车 载重量 3.5 t	台时	03011	34.86	—	—	3.21	—	—
自卸汽车 载重量 5.0 t	台时	03012	—	24.57	—	—	2.08	—
自卸汽车 载重量 8.0 t	台时	03013	—	—	18.24	—	—	1.31

1-24 人工装卸土载重汽车运输

1-24-1 人工装卸土载重汽车运输(运距 1 km～2 km)

工作内容:人工装车、运输、卸土、空回等。

单位:100 m³

定额编号			D010341	D010342	D010343	D010344	D010345	D010346
项目			运距/km					
			1			2		
			2.0 t 载重汽车运输	4.0 t 载重汽车运输	5.0 t 载重汽车运输	2.0 t 载重汽车运输	4.0 t 载重汽车运输	5.0 t 载重汽车运输
名称	单位	代号	数量					
人工	工时	11010	165.40	165.40	165.40	165.40	165.40	165.40
零星材料费	%	11998	1.00	1.00	1.00	1.00	1.00	1.00
载重汽车 载重量 2.0 t	台时	03001	33.16	—	—	39.88	—	—
载重汽车 载重量 4.0 t	台时	03003	—	19.92	—	—	23.37	—
载重汽车 载重量 5.0 t	台时	03004	—	—	18.39	—	—	21.05

1-24-2 人工装卸土载重汽车运输(运距 3 km~4 km)

工作内容:人工装车、运输、卸土、空回等。

单位:100 m³

定额编号			D010347	D010348	D010349	D010350	D010351	D010352
项目			运距/km					
			3			4		
			2.0 t 载重汽车运输	4.0 t 载重汽车运输	5.0 t 载重汽车运输	2.0 t 载重汽车运输	4.0 t 载重汽车运输	5.0 t 载重汽车运输
名称	单位	代号	数量					
人工	工时	11010	165.40	165.40	165.40	165.40	165.40	165.40
零星材料费	‰	11998	1.00	1.00	1.00	1.00	1.00	1.00
载重汽车载重量2.0 t	台时	03001	46.11	—	—	51.90	—	—
载重汽车载重量4.0 t	台时	03003	—	26.53	—	—	29.38	—
载重汽车载重量5.0 t	台时	03004	—	—	23.62	—	—	25.87

1-24-3 人工装卸土载重汽车运输(运距 5 km、增运 1 km)

工作内容:人工装车、运输、卸土、空回等。

单位:100 m³

定额编号			D010353	D010354	D010355	D010356	D010357	D010358
项目			运距/km			增运/km		
			5			1		
			2.0 t 载重汽车运输	4.0 t 载重汽车运输	5.0 t 载重汽车运输	2.0 t 载重汽车运输	4.0 t 载重汽车运输	5.0 t 载重汽车运输
名称	单位	代号	数量					
人工	工时	11010	165.40	165.40	165.40	—	—	—
零星材料费	‰	11998	1.00	1.00	1.00	—	—	—
载重汽车载重量2.0 t	台时	03001	54.59	—	—	5.21	—	—
载重汽车载重量4.0 t	台时	03003	—	32.39	—	—	2.59	—
载重汽车载重量5.0 t	台时	03004	—	—	28.16	—	—	2.08

1-25 土方坡面运输

1-25-1 土方坡面运输（≤10°）

工作内容：清渣、装车、运输、卸除、空回、平场等。
适用范围：露天作业。

单位：100 m³

定额编号			D010359	D010360	D010361	D010362	D010363
项目			10 t 卷扬机				
			人工装土 卷扬机牵引斗车运输 坡度≤10°				
			运距/m				增运/m
			50	100	150	200	50
名称	单位	代号	数量				
人工	工时	11010	402.00	402.00	402.00	402.00	—
零星材料费	%	11998	10.00	10.00	10.00	10.00	—
V形斗车 窄轨 容积0.6 m³	台时	03123	65.94	94.66	123.53	247.12	28.58
卷扬机 双筒慢速 起重量10 t	台时	04152	5.03	7.17	9.38	11.49	2.17

工作内容：清渣、装车、运输、卸除、空回、平场等。
适用范围：露天作业。

单位：100 m³

定额编号			D010364	D010365	D010366	D010367	D010368
项目			15 t 卷扬机				
			人工装土 卷扬机牵引斗车运输 坡度≤10°				
			运距/m				增运/m
			50	100	150	200	50
名称	单位	代号	数量				
人工	工时	11010	402.00	402.00	402.00	402.00	—
零星材料费	%	11998	10.00	10.00	10.00	10.00	—
V形斗车 窄轨 容积0.6 m³	台时	03123	65.94	94.66	123.53	247.12	28.58
卷扬机 双筒 起重量15 t	台时	04160	3.36	4.79	6.16	7.60	1.40

1-25-2 土方坡面运输(10°～20°)

工作内容:清渣、装车、运输、卸除、空回、平场等。
适用范围:露天作业。

单位:100 m³

定额编号			D010369	D010370	D010371	D010372	D010373
项目			10 t卷扬机				
			人工装土 卷扬机牵引斗车运输 坡度10°～20°				
			运距/m				增运/m
			50	100	150	200	50
名称	单位	代号	数量				
人工	工时	11010	411.00	411.00	411.00	411.00	—
零星材料费	%	11998	10.00	10.00	10.00	10.00	—
V形斗车 窄轨 容积0.6 m³	台时	03123	79.66	114.87	150.48	185.36	35.31
卷扬机 双筒慢速 起重量10 t	台时	04152	6.07	8.66	11.25	13.84	2.59

工作内容:清渣、装车、运输、卸除、空回、平场等。
适用范围:露天作业。

单位:100 m³

定额编号			D010374	D010375	D010376	D010377	D010378
项目			15 t卷扬机				
			人工装土 卷扬机牵引斗车运输 坡度10°～20°				
			运距/m				增运/m
			50	100	150	200	50
名称	单位	代号	数量				
人工	工时	11010	411.00	411.00	411.00	411.00	—
零星材料费	%	11998	10.00	10.00	10.00	10.00	—
V形斗车 窄轨 容积0.6 m³	台时	03123	79.66	114.87	150.48	185.36	35.31
卷扬机 双筒 起重量15 t	台时	04160	4.10	5.84	7.60	9.31	1.76

1-25-3 土方坡面运输(20°～30°)

工作内容:清渣、装车、运输、卸除、空回、平场等。
适用范围:露天作业。

单位:100 m³

定额编号			D010379	D010380	D010381	D010382	D010383
项目			10 t 卷扬机				
			人工装土 卷扬机牵引斗车运输 坡度20°～30°				
			运距/m				增运/m
			50	100	150	200	50
名称	单位	代号	数量				
人工	工时	11010	418.50	418.50	418.50	418.50	—
零星材料费	%	11998	10.00	10.00	10.00	10.00	—
V形斗车 窄轨 容积0.6 m³	台时	03123	91.72	130.84	171.19	209.15	39.57
卷扬机 双筒慢速 起重量10 t	台时	04152	6.95	9.92	13.03	15.97	2.96

工作内容:清渣、装车、运输、卸除、空回、平场等。
适用范围:露天作业。

单位:100 m³

定额编号			D010384	D010385	D010386	D010387	D010388
项目			15 t 卷扬机				
			人工装土 卷扬机牵引斗车运输 坡度20°～30°				
			运距/m				增运/m
			50	100	150	200	50
名称	单位	代号	数量				
人工	工时	11010	418.50	418.50	418.50	418.50	—
零星材料费	%	11998	10.00	10.00	10.00	10.00	—
V形斗车 窄轨 容积0.6 m³	台时	03123	91.72	130.84	171.19	209.15	39.57
卷扬机 双筒 起重量15 t	台时	04160	4.57	6.62	8.68	10.71	2.06

1－25－4　土方坡面运输(30°～45°)

工作内容:清渣、装车、运输、卸除、空回、平场等。
适用范围:露天作业。

单位:100 m³

定额编号			D010389	D010390	D010391	D010392	D010393
项目			10 t 卷扬机				
			人工装土 卷扬机牵引斗车运输 坡度30°～45°				
			运距/m				增运/m
			50	100	150	200	50
名称	单位	代号	数量				
人工	工时	11010	430.10	430.10	430.10	430.10	—
零星材料费	%	11998	10.00	10.00	10.00	10.00	—
V形斗车 窄轨 容积0.6 m³	台时	03123	106.84	153.39	199.83	244.24	46.22
卷扬机 双筒慢速 起重量10 t	台时	04152	8.15	11.69	15.06	18.57	3.46

工作内容:清渣、装车、运输、卸除、空回、平场等。
适用范围:露天作业。

单位:100 m³

定额编号			D010394	D010395	D010396	D010397	D010398
项目			15 t 卷扬机				
			人工装土 卷扬机牵引斗车运输 坡度30°～45°				
			运距/m				增运/m
			50	100	150	200	50
名称	单位	代号	数量				
人工	工时	11010	430.10	430.10	430.10	430.10	—
零星材料费	%	11998	10.00	10.00	10.00	10.00	—
V形斗车 窄轨 容积0.6 m³	台时	03123	106.84	153.39	199.83	244.24	46.22
卷扬机 双筒 起重量15 t	台时	04160	5.37	7.76	10.14	12.57	2.39

1-26 推土机推土

1-26-1 推土机推土(55 kW推土机)

工作内容:推松、运送、卸除、拖平、空回。

单位:100 m³

定额编号			D010399	D010400	D010401	D010402	D010403	D010404
项目			55 kW推土机推土					
			推土距离/m					
			≤20			20～40		
			Ⅰ～Ⅱ类土	Ⅲ类土	Ⅳ类土	Ⅰ～Ⅱ类土	Ⅲ类土	Ⅳ类土
名称	单位	代号	数量					
人工	工时	11010	4.10	4.10	4.10	6.70	6.70	6.70
零星材料费	%	11998	10.00	10.00	10.00	10.00	10.00	10.00
推土机 功率55 kW	台时	01041	3.01	3.28	3.59	4.87	5.39	5.89

工作内容:推松、运送、卸除、拖平、空回。

单位:100 m³

定额编号			D010405	D010406	D010407	D010408	D010409	D010410
项目			55 kW推土机推土					
			推土距离/m					
			40～60			60～80		
			Ⅰ～Ⅱ类土	Ⅲ类土	Ⅳ类土	Ⅰ～Ⅱ类土	Ⅲ类土	Ⅳ类土
名称	单位	代号	数量					
人工	工时	11010	9.50	9.50	9.50	12.50	12.50	12.50
零星材料费	%	11998	10.00	10.00	10.00	10.00	10.00	10.00
推土机 功率55 kW	台时	01041	6.92	7.66	8.28	9.13	10.01	10.92

工作内容：推松、运送、卸除、拖平、空回。

单位：100 m³

定额编号			D010411	D010412	D010413
项目			55 kW 推土机推土		
			推土距离/m		
			80～100		
			Ⅰ～Ⅱ类土	Ⅲ类土	Ⅳ类土
名称	单位	代号	数量		
人工	工时	11010	15.70	15.70	15.70
零星材料费	%	11998	10.00	10.00	10.00
推土机 功率55 kW	台时	01041	11.46	12.60	13.81

1-26-2 推土机推土(74 kW推土机)

工作内容：推松、运送、卸除、拖平、空回。

单位：100 m³

定额编号			D010414	D010415	D010416	D010417	D010418	D010419
项目			74 kW 推土机推土					
			推土距离/m					
			≤20			20～40		
			Ⅰ～Ⅱ类土	Ⅲ类土	Ⅳ类土	Ⅰ～Ⅱ类土	Ⅲ类土	Ⅳ类土
名称	单位	代号	数量					
人工	工时	11010	1.60	1.60	1.60	2.60	2.60	2.60
零星材料费	%	11998	10.00	10.00	10.00	10.00	10.00	10.00
推土机 功率74 kW	台时	01043	1.14	1.26	1.37	1.88	2.05	2.25

工作内容:推松、运送、卸除、拖平、空回。

单位:100 m³

定额编号			D010420	D010421	D010422	D010423	D010424	D010425
项目			74 kW 推土机推土					
			推土距离/m					
			40～60			60～80		
			Ⅰ～Ⅱ类土	Ⅲ类土	Ⅳ类土	Ⅰ～Ⅱ类土	Ⅲ类土	Ⅳ类土
名称	单位	代号	数量					
人工	工时	11010	3.60	3.60	3.60	4.80	4.80	4.80
零星材料费	%	11998	10.00	10.00	10.00	10.00	10.00	10.00
推土机 功率74 kW	台时	01043	2.64	2.91	3.19	3.49	3.85	4.18

工作内容:推松、运送、卸除、拖平、空回。

单位:100 m³

定额编号			D010426	D010427	D010428
项目			74 kW 推土机推土		
			推土距离/m		
			80～100		
			Ⅰ～Ⅱ类土	Ⅲ类土	Ⅳ类土
名称	单位	代号	数量		
人工	工时	11010	6.00	6.00	6.00
零星材料费	%	11998	10.00	10.00	10.00
推土机 功率74 kW	台时	01043	4.38	4.82	5.28

1-26-3 推土机推土(88 kW 推土机)

工作内容:推松、运送、卸除、拖平、空回。

单位:100 m³

定额编号			D010429	D010430	D010431	D010432	D010433	D010434
项目			88 kW 推土机推土					
			推土距离/m					
			≤20			20～40		
			Ⅰ～Ⅱ类土	Ⅲ类土	Ⅳ类土	Ⅰ～Ⅱ类土	Ⅲ类土	Ⅳ类土
名称	单位	代号	数量					
人工	工时	11010	1.40	1.40	1.40	2.30	2.30	2.30
零星材料费	％	11998	10.00	10.00	10.00	10.00	10.00	10.00
推土机 功率88 kW	台时	01044	0.99	1.10	1.19	1.67	1.83	1.99

工作内容:推松、运送、卸除、拖平、空回。

单位:100 m³

定额编号			D010435	D010436	D010437	D010438	D010439	D010440
项目			88 kW 推土机推土					
			推土距离/m					
			40～60			60～80		
			Ⅰ～Ⅱ类土	Ⅲ类土	Ⅳ类土	Ⅰ～Ⅱ类土	Ⅲ类土	Ⅳ类土
名称	单位	代号	数量					
人工	工时	11010	3.30	3.30	3.30	4.30	4.30	4.30
零星材料费	％	11998	10.00	10.00	10.00	10.00	10.00	10.00
推土机 功率88 kW	台时	01044	2.39	2.64	2.86	3.16	3.49	3.78

工作内容:推松、运送、卸除、拖平、空回。

单位:100 m³

定额编号			D010441	D010442	D010443
项目			88 kW 推土机推土		
			推土距离/m		
			80~100		
			Ⅰ~Ⅱ类土	Ⅲ类土	Ⅳ类土
名称	单位	代号	数量		
人工	工时	11010	5.50	5.50	5.50
零星材料费	%	11998	10.00	10.00	10.00
推土机 功率88 kW	台时	01044	4.03	4.39	4.79

1-26-4 推土机推土(103 kW 推土机)

工作内容:推松、运送、卸除、拖平、空回。

单位:100 m³

定额编号			D010444	D010445	D010446	D010447	D010448	D010449
项目			103 kW 推土机推土					
			推土距离/m					
			≤20			20~40		
			Ⅰ~Ⅱ类土	Ⅲ类土	Ⅳ类土	Ⅰ~Ⅱ类土	Ⅲ类土	Ⅳ类土
名称	单位	代号	数量					
人工	工时	11010	1.20	1.20	1.20	2.00	2.00	2.00
零星材料费	%	11998	10.00	10.00	10.00	10.00	10.00	10.00
推土机 功率103 kW	台时	01045	0.86	0.95	1.02	1.43	1.57	1.72

工作内容:推松、运送、卸除、拖平、空回。

单位:100 m³

定额编号			D010450	D010451	D010452	D010453	D010454	D010455
项目			103 kW 推土机推土					
			推土距离/m					
			40～60			60～80		
			Ⅰ～Ⅱ类土	Ⅲ类土	Ⅳ类土	Ⅰ～Ⅱ类土	Ⅲ类土	Ⅳ类土
名称	单位	代号	数量					
人工	工时	11010	2.80	2.80	2.80	3.70	3.70	3.70
零星材料费	%	11998	10.00	10.00	10.00	10.00	10.00	10.00
推土机 功率103 kW	台时	01045	2.07	2.27	2.46	2.72	3.00	3.25

工作内容:推松、运送、卸除、拖平、空回。

单位:100 m³

定额编号			D010456	D010457	D010458
项目			103 kW 推土机推土		
			推土距离/m		
			80～100		
			Ⅰ～Ⅱ类土	Ⅲ类土	Ⅳ类土
名称	单位	代号	数量		
人工	工时	11010	4.70	4.70	4.70
零星材料费	%	11998	10.00	10.00	10.00
推土机 功率103 kW	台时	01045	3.47	3.81	4.14

1-26-5 推土机推土(118 kW 推土机)

工作内容:推松、运送、卸除、拖平、空回。

单位:100 m³

定额编号			D010459	D010460	D010461	D010462	D010463	D010464
项目			118 kW 推土机推土					
			推土距离/m					
			≤20			20～40		
			Ⅰ～Ⅱ类土	Ⅲ类土	Ⅳ类土	Ⅰ～Ⅱ类土	Ⅲ类土	Ⅳ类土
名称	单位	代号	数量					
人工	工时	11010	1.10	1.10	1.10	1.80	1.80	1.80
零星材料费	%	11998	10.00	10.00	10.00	10.00	10.00	10.00
推土机 功率 118 kW	台时	01046	0.78	0.85	0.94	1.29	1.41	1.54

工作内容:推松、运送、卸除、拖平、空回。

单位:100 m³

定额编号			D010465	D010466	D010467	D010468	D010469	D010470
项目			118 kW 推土机推土					
			推土距离/m					
			40～60			60～80		
			Ⅰ～Ⅱ类土	Ⅲ类土	Ⅳ类土	Ⅰ～Ⅱ类土	Ⅲ类土	Ⅳ类土
名称	单位	代号	数量					
人工	工时	11010	2.50	2.50	2.50	3.30	3.30	3.30
零星材料费	%	11998	10.00	10.00	10.00	10.00	10.00	10.00
推土机 功率 118 kW	台时	01046	1.83	2.02	2.20	2.44	2.66	2.91

工作内容：推松、运送、卸除、拖平、空回。

单位：100 m³

定额编号			D010471	D010472	D010473
项目			118 kW 推土机推土		
			推土距离/m		
			80~100		
			Ⅰ～Ⅱ类土	Ⅲ类土	Ⅳ类土
名称	单位	代号	数量		
人工	工时	11010	4.20	4.20	4.20
零星材料费	％	11998	10.00	10.00	10.00
推土机 功率 118 kW	台时	01046	3.06	3.35	3.67

1-26-6 推土机推土（132 kW 推土机）

工作内容：推松、运送、卸除、拖平、空回。

单位：100 m³

定额编号			D010474	D010475	D010476	D010477	D010478	D010479
项目			132 kW 推土机推土					
			推土距离/m					
			≤20			20~40		
			Ⅰ～Ⅱ类土	Ⅲ类土	Ⅳ类土	Ⅰ～Ⅱ类土	Ⅲ类土	Ⅳ类土
名称	单位	代号	数量					
人工	工时	11010	1.00	1.00	1.00	1.50	1.50	1.50
零星材料费	％	11998	10.00	10.00	10.00	10.00	10.00	10.00
推土机 功率132 kW	台时	01047	0.70	0.77	0.84	1.12	1.24	1.35

工作内容:推松、运送、卸除、拖平、空回。

单位:100 m³

定额编号			D010480	D010481	D010482	D010483	D010484	D010485
项目			132 kW 推土机推土					
			推土距离/m					
			40～60			60～80		
			Ⅰ～Ⅱ类土	Ⅲ类土	Ⅳ类土	Ⅰ～Ⅱ类土	Ⅲ类土	Ⅳ类土
名称	单位	代号	数量					
人工	工时	11010	2.20	2.20	2.20	2.80	2.80	2.80
零星材料费	%	11998	10.00	10.00	10.00	10.00	10.00	10.00
推土机 功率132 kW	台时	01047	1.58	1.74	1.90	2.07	2.27	2.47

工作内容:推松、运送、卸除、拖平、空回。

单位:100 m³

定额编号			D010486	D010487	D010488
项目			132 kW 推土机推土		
			推土距离/m		
			80～100		
			Ⅰ～Ⅱ类土	Ⅲ类土	Ⅳ类土
名称	单位	代号	数量		
人工	工时	11010	3.60	3.60	3.60
零星材料费	%	11998	10.00	10.00	10.00
推土机 功率132 kW	台时	01047	2.59	2.86	3.11

1-26-7 推土机推土(176 kW 推土机)

工作内容:推松、运送、卸除、拖平、空回。

单位:100 m³

定额编号			D010489	D010490	D010491	D010492	D010493	D010494
项目			176 kW 推土机推土					
			推土距离/m					
			≤20			20～40		
			Ⅰ～Ⅱ类土	Ⅲ类土	Ⅳ类土	Ⅰ～Ⅱ类土	Ⅲ类土	Ⅳ类土
名称	单位	代号	数量					
人工	工时	11010	0.70	0.70	0.70	1.10	1.10	1.10
零星材料费	％	11998	10.00	10.00	10.00	10.00	10.00	10.00
推土机 功率176 kW	台时	01050	0.49	0.54	0.59	0.79	0.88	0.96

工作内容:推松、运送、卸除、拖平、空回。

单位:100 m³

定额编号			D010495	D010496	D010497	D010498	D010499	D010500
项目			176 kW 推土机推土					
			推土距离/m					
			40～60			60～80		
			Ⅰ～Ⅱ类土	Ⅲ类土	Ⅳ类土	Ⅰ～Ⅱ类土	Ⅲ类土	Ⅳ类土
名称	单位	代号	数量					
人工	工时	11010	1.50	1.50	1.50	2.00	2.00	2.00
零星材料费	％	11998	10.00	10.00	10.00	10.00	10.00	10.00
推土机 功率176 kW	台时	01050	1.11	1.23	1.33	1.47	1.62	1.76

工作内容：推松、运送、卸除、拖平、空回。

单位：100 m³

定额编号			D010501	D010502	D010503
项目			176 kW 推土机推土		
			推土距离/m		
			80～100		
			Ⅰ～Ⅱ类土	Ⅲ类土	Ⅳ类土
名称	单位	代号	数量		
人工	工时	11010	2.50	2.50	2.50
零星材料费	%	11998	10.00	10.00	10.00
推土机 功率176 kW	台时	01050	1.83	2.02	2.19

1-26-8 推土机推土（235 kW 推土机）

工作内容：推松、运送、卸除、拖平、空回。

单位：100 m³

定额编号			D010504	D010505	D010506	D010507	D010508	D010509
项目			235 kW 推土机推土					
			推土距离/m					
			≤20			20～40		
			Ⅰ～Ⅱ类土	Ⅲ类土	Ⅳ类土	Ⅰ～Ⅱ类土	Ⅲ类土	Ⅳ类土
名称	单位	代号	数量					
人工	工时	11010	0.50	0.50	0.50	0.80	0.80	0.80
零星材料费	%	11998	10.00	10.00	10.00	10.00	10.00	10.00
推土机 功率235 kW	台时	01051	0.34	0.37	0.40	0.55	0.66	0.71

工作内容:推松、运送、卸除、拖平、空回。

单位:100 m³

定额编号			D010510	D010511	D010512	D010513	D010514	D010515
项目			235 kW 推土机推土					
			推土距离/m					
			40～60			60～80		
			Ⅰ～Ⅱ类土	Ⅲ类土	Ⅳ类土	Ⅰ～Ⅱ类土	Ⅲ类土	Ⅳ类土
名称	单位	代号	数量					
人工	工时	11010	1.10	1.10	1.10	1.40	1.40	1.40
零星材料费	%	11998	10.00	10.00	10.00	10.00	10.00	10.00
推土机 功率235 kW	台时	01051	0.76	0.85	0.92	1.00	1.11	1.21

工作内容:推松、运送、卸除、拖平、空回。

单位:100 m³

定额编号			D010516	D010517	D010518
项目			235 kW 推土机推土		
			推土距离/m		
			80～100		
			Ⅰ～Ⅱ类土	Ⅲ类土	Ⅳ类土
名称	单位	代号	数量		
人工	工时	11010	1.70	1.70	1.70
零星材料费	%	11998	10.00	10.00	10.00
推土机 功率235 kW	台时	01051	1.26	1.38	1.51

1-26-9 推土机推土(301 kW 推土机)

工作内容:推松、运送、卸除、拖平、空回。

单位:100 m³

定额编号			D010519	D010520	D010521	D010522	D010523	D010524
项目			301 kW 推土机推土					
			推土距离/m					
			≤20			20～40		
			Ⅰ～Ⅱ类土	Ⅲ类土	Ⅳ类土	Ⅰ～Ⅱ类土	Ⅲ类土	Ⅳ类土
名称	单位	代号	数量					
人工	工时	11010	0.30	0.30	0.30	0.50	0.50	0.50
零星材料费	%	11998	10.00	10.00	10.00	10.00	10.00	10.00
推土机功率301 kW	台时	01053	0.24	0.26	0.28	0.37	0.41	0.45

工作内容:推松、运送、卸除、拖平、空回。

单位:100 m³

定额编号			D010525	D010526	D010527	D010528	D010529	D010530
项目			301 kW 推土机推土					
			推土距离/m					
			40～60			60～80		
			Ⅰ～Ⅱ类土	Ⅲ类土	Ⅳ类土	Ⅰ～Ⅱ类土	Ⅲ类土	Ⅳ类土
名称	单位	代号	数量					
人工	工时	11010	0.70	0.70	0.70	0.90	0.90	0.90
零星材料费	%	11998	10.00	10.00	10.00	10.00	10.00	10.00
推土机功率301 kW	台时	01053	0.51	0.57	0.61	0.66	0.73	0.80

工作内容:推松、运送、卸除、拖平、空回。

单位:100 m³

定额编号			D010531	D010532	D010533
项目			301 kW 推土机推土		
			推土距离/m		
			80～100		
			Ⅰ～Ⅱ类土	Ⅲ类土	Ⅳ类土
名称	单位	代号	数量		
人工	工时	11010	1.10	1.10	1.10
零星材料费	％	11998	10.00	10.00	10.00
推土机 功率301 kW	台时	01053	0.83	0.92	0.99

1－27　2.75 m³ 铲运机铲运土

1－27－1　2.75 m³ 铲运机铲运土（Ⅰ～Ⅱ类土）

工作内容:铲装、运送、卸除、空回、转向、土场道路平整、洒水、卸土推平等。

单位:100 m³

定额编号			D010534	D010535	D010536	D010537	D010538
项目			铲运距离/m				
			100	200	300	400	500
名称	单位	代号	数量				
人工	工时	11010	3.30	5.20	6.90	8.50	10.00
零星材料费	％	11998	10.00	10.00	10.00	10.00	10.00
推土机 功率55 kW	台时	01041	0.26	0.42	0.55	0.68	0.79
拖拉机 履带式 功率55 kW	台时	01060	2.63	4.21	5.56	6.80	7.95
铲运机 拖式 斗容2.75 m³	台时	01067	2.63	4.21	5.56	6.80	7.95

1-27-2 2.75 m³ 铲运机铲运土（Ⅲ类土）

工作内容：铲装、运送、卸除、空回、转向、土场道路平整、洒水、卸土推平等。

单位：100 m³

定额编号			D010539	D010540	D010541	D010542	D010543
项目			铲运距离/m				
			100	200	300	400	500
名称	单位	代号	数量				
人工	工时	11010	3.60	5.90	7.70	9.40	11.00
零星材料费	%	11998	10.00	10.00	10.00	10.00	10.00
推土机 功率 55 kW	台时	01041	0.29	0.46	0.61	0.74	0.88
拖拉机 履带式 功率 55 kW	台时	01060	2.90	4.61	6.09	7.46	8.80
铲运机 拖式 斗容 2.75 m³	台时	01067	2.90	4.61	6.09	7.46	8.80

1-27-3 2.75 m³ 铲运机铲运土（Ⅳ类土）

工作内容：铲装、运送、卸除、空回、转向、土场道路平整、洒水、卸土推平等。

单位：100 m³

定额编号			D010544	D010545	D010546	D010547	D010548
项目			铲运距离/m				
			100	200	300	400	500
名称	单位	代号	数量				
人工	工时	11010	3.90	6.30	8.40	10.20	12.00
零星材料费	%	11998	10.00	10.00	10.00	10.00	10.00
推土机 功率 55 kW	台时	01041	0.31	0.50	0.66	0.81	0.95
拖拉机 履带式 功率 55 kW	台时	01060	3.14	5.02	6.63	8.11	9.53
铲运机 拖式 斗容 2.75 m³	台时	01067	3.14	5.02	6.63	8.11	9.53

1-28 8.0 m³ 铲运机铲运土

1-28-1 8.0 m³ 铲运机铲运土（Ⅰ～Ⅱ类土）

工作内容：铲装、运送、卸除、空回、转向、土场道路平整、洒水、卸土推平等。

单位：100 m³

定额编号			D010549	D010550	D010551	D010552	D010553	D010554
项目			铲运距离/m					
			100	200	300	400	500	600
名称	单位	代号	数量					
人工	工时	11010	2.20	3.10	4.10	5.00	6.00	6.90
零星材料费	%	11998	10.00	10.00	10.00	10.00	10.00	10.00
推土机 功率59 kW	台时	01042	0.17	0.25	0.33	0.40	0.48	0.55
拖拉机 履带式 功率74 kW	台时	01062	1.75	2.52	3.27	4.02	4.78	5.55
铲运机 拖式 斗容8.0 m³	台时	01068	1.75	2.52	3.27	4.02	4.78	5.55

1-28-2 8.0 m³ 铲运机铲运土（Ⅲ类土）

工作内容：铲装、运送、卸除、空回、转向、土场道路平整、洒水、卸土推平等。

单位：100 m³

定额编号			D010555	D010556	D010557	D010558	D010559	D010560
项目			铲运距离/m					
			100	200	300	400	500	600
名称	单位	代号	数量					
人工	工时	11010	2.40	3.40	4.50	5.50	6.70	7.60
零星材料费	%	11998	10.00	10.00	10.00	10.00	10.00	10.00
推土机 功率59 kW	台时	01042	0.19	0.28	0.36	0.44	0.52	0.62
拖拉机 履带式 功率74 kW	台时	01062	1.93	2.75	3.60	4.41	5.27	6.10
铲运机 拖式 斗容8.0 m³	台时	01068	1.93	2.75	3.60	4.41	5.27	6.10

1-28-3 8.0 m³ 铲运机铲运土（Ⅳ类土）

工作内容：铲装、运送、卸除、空回、转向、土场道路平整、洒水、卸土推平等。

单位：100 m³

定额编号			D010561	D010562	D010563	D010564	D010565	D010566
项目			铲运距离/m					
			100	200	300	400	500	600
名称	单位	代号	数量					
人工	工时	11010	2.60	3.70	4.90	6.00	7.10	8.40
零星材料费	％	11998	10.00	10.00	10.00	10.00	10.00	10.00
推土机 功率 59 kW	台时	01042	0.21	0.30	3.92	0.48	0.57	0.66
拖拉机 履带式 功率 74 kW	台时	01062	2.09	3.00	3.91	4.84	5.73	6.64
铲运机 拖式 斗容 8.0 m³	台时	01068	2.09	3.00	3.91	4.84	5.73	6.64

1-29 12 m³ 自行式铲运机铲运土

1-29-1 12 m³ 自行式铲运机铲运土（Ⅰ～Ⅱ类土）

工作内容：铲装、运送、卸除、空回、转向、土场道路平整、洒水、卸土推平等。

单位：100 m³

定额编号			D010567	D010568	D010569	D010570	D010571	D010572
项目			铲运距离/m					增运/m
			200	400	600	800	1 000	100
名称	单位	代号	数量					
人工	工时	11010	1.70	2.60	3.40	4.20	4.90	—
零星材料费	％	11998	8.00	8.00	8.00	8.00	8.00	—
推土机 功率 59 kW	台时	01042	0.14	0.21	0.27	0.34	0.39	—
铲运机 拖式 斗容 12 m³	台时	01069	1.39	2.11	2.76	3.37	3.96	0.16

1-29-2 12 m³ 自行式铲运机铲运土（Ⅲ类土）

工作内容：铲装、运送、卸除、空回、转向、土场道路平整、洒水、卸土推平等。

单位：100 m³

定额编号			D010573	D010574	D010575	D010576	D010577	D010578
项目			铲运距离/m					增运/m
			200	400	600	800	1 000	100
名称	单位	代号	数量					
人工	工时	11010	1.90	2.90	3.80	4.60	5.40	—
零星材料费	%	11998	8.00	8.00	8.00	8.00	8.00	—
推土机 功率59 kW	台时	01042	0.15	0.23	0.30	0.37	0.43	—
铲运机 拖式 斗容12 m³	台时	01069	1.53	2.31	3.05	3.72	4.35	0.16

1-29-3 12 m³ 自行式铲运机铲运土（Ⅳ类土）

工作内容：铲装、运送、卸除、空回、转向、土场道路平整、洒水、卸土推平等。

单位：100 m³

定额编号			D010579	D010580	D010581	D010582	D010583	D010584
项目			铲运距离/m					增运/m
			200	400	600	800	1 000	100
名称	单位	代号	数量					
人工	工时	11010	2.10	3.10	4.10	5.10	5.90	—
零星材料费	%	11998	8.00	8.00	8.00	8.00	8.00	—
推土机 功率59 kW	台时	01042	0.17	0.25	0.33	0.40	0.47	—
铲运机 拖式 斗容12 m³	台时	01069	1.67	2.52	3.30	4.03	4.72	0.16

1-30 挖掘机挖土方

1-30-1 挖掘机挖土方(Ⅰ～Ⅲ类土)

工作内容:挖掘机挖土方。

适用范围:露天作业。

单位:100 m³

定额编号			D010585	D010586	D010587	D010588	D010589	D010590
项目			土类级别					
			Ⅰ～Ⅱ				Ⅲ	
			1.0 m³ 挖掘机挖土	2.0 m³ 挖掘机挖土	3.0 m³ 挖掘机挖土	4.0 m³ 挖掘机挖土	1.0 m³ 挖掘机挖土	2.0 m³ 挖掘机挖土
名称	单位	代号	数量					
人工	工时	11010	4.10	4.10	4.10	4.10	4.10	4.10
零星材料费	%	11998	5.00	5.00	5.00	5.00	5.00	5.00
单斗挖掘机 液压 斗容 1.0 m³	台时	01009	0.87	—	—	—	0.95	—
单斗挖掘机 液压 斗容 2.0 m³	台时	01011	—	0.56	—	—	—	0.61
单斗挖掘机 液压 斗容 3.0 m³	台时	01013	—	—	0.40	—	—	—
单斗挖掘机 液压 斗容 4.0 m³	台时	01014	—	—	—	0.31	—	—

1-30-2 挖掘机挖土方(Ⅲ～Ⅳ类土)

工作内容:挖掘机挖土方。

适用范围:露天作业。

单位:100 m³

定额编号			D010591	D010592	D010593	D010594	D010595	D010596
项目			土类级别					
			Ⅲ		Ⅳ			
			3.0 m³ 挖掘机挖土	4.0 m³ 挖掘机挖土	1.0 m³ 挖掘机挖土	2.0 m³ 挖掘机挖土	3.0 m³ 挖掘机挖土	4.0 m³ 挖掘机挖土
名称	单位	代号	数量					
人工	工时	11010	4.10	4.10	4.10	4.10	4.10	4.10
零星材料费	%	11998	5.00	5.00	5.00	5.00	5.00	5.00
单斗挖掘机 液压 斗容 1.0 m³	台时	01009	—	—	1.05	—	—	—
单斗挖掘机 液压 斗容 2.0 m³	台时	01011	—	—	—	0.66	—	—
单斗挖掘机 液压 斗容 3.0 m³	台时	01013	0.44	—	—	—	0.48	—
单斗挖掘机 液压 斗容 4.0 m³	台时	01014	—	0.34	—	—	—	0.37

1-31 装载机挖运土

1-31-1 装载机挖运土(Ⅰ~Ⅱ类土)

工作内容:挖运、卸除、空回。

适用范围:露天作业。

单位:100 m³

定额编号			D010597	D010598	D010599	D010600	D010601
项目			Ⅰ~Ⅱ类土				
			挖卸土				
			1.0 m³ 装载机	2.0 m³ 装载机	3.0 m³ 装载机	4.0 m³ 装载机	5.0 m³ 装载机
名称	单位	代号	数量				
人工	工时	11010	1.60	1.60	1.60	1.60	1.60
零星材料费	%	11998	10.00	10.00	10.00	10.00	10.00
装载机 轮胎式 斗容1.0 m³	台时	01028	1.29	—	—	—	—
装载机 轮胎式 斗容2.0 m³	台时	01030	—	0.73	—	—	—
装载机 轮胎式 斗容3.0 m³	台时	01031	—	—	0.51	—	—
装载机 轮胎式 斗容5.0 m³	台时	01032	—	—	—	—	0.35
装载机 侧卸式 斗容4.0 m³	台时	01039	—	—	—	0.41	—
推土机 功率88 kW	台时	01044	0.17	0.17	0.17	0.17	0.17

工作内容:挖运、卸除、空回。

适用范围:露天作业。

单位:100 m³

定额编号			D010602	D010603	D010604	D010605	D010606
项目			Ⅰ~Ⅱ类土				
			运距/m				
			50				
			1.0 m³ 装载机	2.0 m³ 装载机	3.0 m³ 装载机	4.0 m³ 装载机	5.0 m³ 装载机
名称	单位	代号	数量				
人工	工时	11010	1.60	1.60	1.60	1.60	1.60
零星材料费	%	11998	10.00	10.00	10.00	10.00	10.00
装载机 轮胎式 斗容1.0 m³	台时	01028	1.84	—	—	—	—
装载机 轮胎式 斗容2.0 m³	台时	01030	—	0.92	—	—	—
装载机 轮胎式 斗容3.0 m³	台时	01031	—	—	0.60	—	—
装载机 轮胎式 斗容5.0 m³	台时	01032	—	—	—	—	0.40
装载机 侧卸式 斗容4.0 m³	台时	01039	—	—	—	0.46	—
推土机 功率88 kW	台时	01044	0.17	0.17	0.17	0.17	0.17

工作内容:挖运、卸除、空回。

适用范围:露天作业。

单位:100 m³

定额编号			D010607	D010608	D010609	D010610	D010611
项目			Ⅰ～Ⅱ类土				
			运距/m				
			100				
			1.0 m³ 装载机	2.0 m³ 装载机	3.0 m³ 装载机	4.0 m³ 装载机	5.0 m³ 装载机
名称	单位	代号	数量				
人工	工时	11010	1.60	1.60	1.60	1.60	1.60
零星材料费	％	11998	10.00	10.00	10.00	10.00	10.00
装载机 轮胎式 斗容1.0 m³	台时	01028	2.89	—	—	—	—
装载机 轮胎式 斗容2.0 m³	台时	01030	—	1.42	—	—	—
装载机 轮胎式 斗容3.0 m³	台时	01031	—	—	0.96	—	—
装载机 轮胎式 斗容5.0 m³	台时	01032	—	—	—	—	0.57
装载机 侧卸式 斗容4.0 m³	台时	01039	—	—	—	0.71	—
推土机 功率88 kW	台时	01044	0.17	0.17	0.17	0.17	0.17

工作内容:挖运、卸除、空回。

适用范围:露天作业。

单位:100 m³

定额编号			D010612	D010613	D010614	D010615	D010616
项目			Ⅰ～Ⅱ类土				
			运距/m				
			200				
			1.0 m³ 装载机	2.0 m³ 装载机	3.0 m³ 装载机	4.0 m³ 装载机	5.0 m³ 装载机
名称	单位	代号	数量				
人工	工时	11010	1.60	1.60	1.60	1.60	1.60
零星材料费	％	11998	10.00	10.00	10.00	10.00	10.00
装载机 轮胎式 斗容1.0 m³	台时	01028	4.77	—	—	—	—
装载机 轮胎式 斗容2.0 m³	台时	01030	—	2.37	—	—	—
装载机 轮胎式 斗容3.0 m³	台时	01031	—	—	1.58	—	—
装载机 轮胎式 斗容5.0 m³	台时	01032	—	—	—	—	0.94
装载机 侧卸式 斗容4.0 m³	台时	01039	—	—	—	1.18	—
推土机 功率88 kW	台时	01044	0.17	0.17	0.17	0.17	0.17

工作内容:挖运、卸除、空回。

适用范围:露天作业。

单位:100 m³

定额编号			D010617	D010618	D010619	D010620	D010621
项目			Ⅰ～Ⅱ类土				
			运距/m				
			300				
			1.0 m³ 装载机	2.0 m³ 装载机	3.0 m³ 装载机	4.0 m³ 装载机	5.0 m³ 装载机
名称	单位	代号	数量				
人工	工时	11010	1.60	1.60	1.60	1.60	1.60
零星材料费	%	11998	10.00	10.00	10.00	10.00	10.00
装载机 轮胎式 斗容1.0 m³	台时	01028	6.54	—	—	—	—
装载机 轮胎式 斗容2.0 m³	台时	01030	—	3.27	—	—	—
装载机 轮胎式 斗容3.0 m³	台时	01031	—	—	2.17	—	—
装载机 轮胎式 斗容5.0 m³	台时	01032	—	—	—	—	1.30
装载机 侧卸式 斗容4.0 m³	台时	01039	—	—	—	1.63	—
推土机 功率88 kW	台时	01044	0.17	0.17	0.17	0.17	0.17

工作内容:挖运、卸除、空回。

适用范围:露天作业。

单位:100 m³

定额编号			D010622	D010623	D010624	D010625	D010626
项目			Ⅰ～Ⅱ类土				
			运距/m				
			400				
			1.0 m³ 装载机	2.0 m³ 装载机	3.0 m³ 装载机	4.0 m³ 装载机	5.0 m³ 装载机
名称	单位	代号	数量				
人工	工时	11010	1.60	1.60	1.60	1.60	1.60
零星材料费	%	11998	10.00	10.00	10.00	10.00	10.00
装载机 轮胎式 斗容1.0 m³	台时	01028	8.18	—	—	—	—
装载机 轮胎式 斗容2.0 m³	台时	01030	—	4.07	—	—	—
装载机 轮胎式 斗容3.0 m³	台时	01031	—	—	2.72	—	—
装载机 轮胎式 斗容5.0 m³	台时	01032	—	—	—	—	1.64
装载机 侧卸式 斗容4.0 m³	台时	01039	—	—	—	2.03	—
推土机 功率88 kW	台时	01044	0.17	0.17	0.17	0.17	0.17

工作内容:挖运、卸除、空回。
适用范围:露天作业。

单位:100 m³

定额编号			D010627	D010628	D010629	D010630	D010631
项目			Ⅰ～Ⅱ类土				
			运距/m				
			500				
			1.0 m³ 装载机	2.0 m³ 装载机	3.0 m³ 装载机	4.0 m³ 装载机	5.0 m³ 装载机
名称	单位	代号	数量				
人工	工时	11010	1.60	1.60	1.60	1.60	1.60
零星材料费	%	11998	10.00	10.00	10.00	10.00	10.00
装载机 轮胎式 斗容 1.0 m³	台时	01028	9.77	—	—	—	—
装载机 轮胎式 斗容 2.0 m³	台时	01030	—	4.87	—	—	—
装载机 轮胎式 斗容 3.0 m³	台时	01031	—	—	3.24	—	—
装载机 轮胎式 斗容 5.0 m³	台时	01032	—	—	—	—	1.95
装载机 侧卸式 斗容 4.0 m³	台时	01039	—	—	—	2.44	—
推土机 功率 88 kW	台时	01044	0.17	0.17	0.17	0.17	0.17

1-31-2 装载机挖运土(Ⅲ类土)

工作内容:挖运、卸除、空回。
适用范围:露天作业。

单位:100 m³

定额编号			D010632	D010633	D010634	D010635	D010636
项目			Ⅲ类土				
			挖卸土				
			1.0 m³ 装载机	2.0 m³ 装载机	3.0 m³ 装载机	4.0 m³ 装载机	5.0 m³ 装载机
名称	单位	代号	数量				
人工	工时	11010	1.90	1.90	1.90	1.90	1.90
零星材料费	%	11998	10.00	10.00	10.00	10.00	10.00
装载机 轮胎式 斗容 1.0 m³	台时	01028	1.46	—	—	—	—
装载机 轮胎式 斗容 2.0 m³	台时	01030	—	0.83	—	—	—
装载机 轮胎式 斗容 3.0 m³	台时	01031	—	—	0.58	—	—
装载机 轮胎式 斗容 5.0 m³	台时	01032	—	—	—	—	0.40
装载机 侧卸式 斗容 4.0 m³	台时	01039	—	—	—	0.47	—
推土机 功率 88 kW	台时	01044	0.19	0.19	0.19	0.19	0.19

工作内容:挖运、卸除、空回。
适用范围:露天作业。

单位:100 m³

定额编号			D010637	D010638	D010639	D010640	D010641
项目			Ⅲ类土				
			运距/m				
			50				
			1.0 m³ 装载机	2.0 m³ 装载机	3.0 m³ 装载机	4.0 m³ 装载机	5.0 m³ 装载机
名称	单位	代号	数量				
人工	工时	11010	1.90	1.90	1.90	1.90	1.90
零星材料费	%	11998	10.00	10.00	10.00	10.00	10.00
装载机 轮胎式 斗容1.0 m³	台时	01028	2.08	—	—	—	—
装载机 轮胎式 斗容2.0 m³	台时	01030	—	1.03	—	—	—
装载机 轮胎式 斗容3.0 m³	台时	01031	—	—	0.69	—	—
装载机 轮胎式 斗容5.0 m³	台时	01032	—	—	—	—	0.45
装载机 侧卸式 斗容4.0 m³	台时	01039	—	—	—	0.52	—
推土机 功率88 kW	台时	01044	0.19	0.19	0.19	0.19	0.19

工作内容:挖运、卸除、空回。
适用范围:露天作业。

单位:100 m³

定额编号			D010642	D010643	D010644	D010645	D010646
项目			Ⅲ类土				
			运距/m				
			100				
			1.0 m³ 装载机	2.0 m³ 装载机	3.0 m³ 装载机	4.0 m³ 装载机	5.0 m³ 装载机
名称	单位	代号	数量				
人工	工时	11010	1.90	1.90	1.90	1.90	1.90
零星材料费	%	11998	10.00	10.00	10.00	10.00	10.00
装载机 轮胎式 斗容1.0 m³	台时	01028	3.25	—	—	—	—
装载机 轮胎式 斗容2.0 m³	台时	01030	—	1.62	—	—	—
装载机 轮胎式 斗容3.0 m³	台时	01031	—	—	1.08	—	—
装载机 轮胎式 斗容5.0 m³	台时	01032	—	—	—	—	0.64
装载机 侧卸式 斗容4.0 m³	台时	01039	—	—	—	0.82	—
推土机 功率88 kW	台时	01044	0.19	0.19	0.19	0.19	0.19

工作内容:挖运、卸除、空回。
适用范围:露天作业。

单位:100 m³

定额编号			D010647	D010648	D010649	D010650	D010651
项目			Ⅲ类土				
			运距/m				
			200				
			1.0 m³ 装载机	2.0 m³ 装载机	3.0 m³ 装载机	4.0 m³ 装载机	5.0 m³ 装载机
名称	单位	代号	数量				
人工	工时	11010	1.90	1.90	1.90	1.90	1.90
零星材料费	％	11998	10.00	10.00	10.00	10.00	10.00
装载机 轮胎式 斗容1.0 m³	台时	01028	5.40	—	—	—	—
装载机 轮胎式 斗容2.0 m³	台时	01030	—	2.68	—	—	—
装载机 轮胎式 斗容3.0 m³	台时	01031	—	—	1.78	—	—
装载机 轮胎式 斗容5.0 m³	台时	01032	—	—	—	—	1.06
装载机 侧卸式 斗容4.0 m³	台时	01039	—	—	—	1.35	—
推土机 功率88 kW	台时	01044	0.19	0.19	0.19	0.19	0.19

工作内容:挖运、卸除、空回。
适用范围:露天作业。

单位:100 m³

定额编号			D010652	D010653	D010654	D010655	D010656
项目			Ⅲ类土				
			运距/m				
			300				
			1.0 m³ 装载机	2.0 m³ 装载机	3.0 m³ 装载机	4.0 m³ 装载机	5.0 m³ 装载机
名称	单位	代号	数量				
人工	工时	11010	1.90	1.90	1.90	1.90	1.90
零星材料费	％	11998	10.00	10.00	10.00	10.00	10.00
装载机 轮胎式 斗容1.0 m³	台时	01028	7.41	—	—	—	—
装载机 轮胎式 斗容2.0 m³	台时	01030	—	3.70	—	—	—
装载机 轮胎式 斗容3.0 m³	台时	01031	—	—	2.47	—	—
装载机 轮胎式 斗容5.0 m³	台时	01032	—	—	—	—	1.47
装载机 侧卸式 斗容4.0 m³	台时	01039	—	—	—	1.85	—
推土机 功率88 kW	台时	01044	0.19	0.19	0.19	0.19	0.19

工作内容:挖运、卸除、空回。

适用范围:露天作业。

单位:100 m³

定额编号			D010657	D010658	D010659	D010660	D010661
项目			Ⅲ类土				
			运距/m				
			400				
			1.0 m³ 装载机	2.0 m³ 装载机	3.0 m³ 装载机	4.0 m³ 装载机	5.0 m³ 装载机
名称	单位	代号	数量				
人工	工时	11010	1.90	1.90	1.90	1.90	1.90
零星材料费	％	11998	10.00	10.00	10.00	10.00	10.00
装载机 轮胎式 斗容1.0 m³	台时	01028	9.34	—	—	—	—
装载机 轮胎式 斗容2.0 m³	台时	01030	—	4.28	—	—	—
装载机 轮胎式 斗容3.0 m³	台时	01031	—	—	3.09	—	—
装载机 轮胎式 斗容5.0 m³	台时	01032	—	—	—	—	1.85
装载机 侧卸式 斗容4.0 m³	台时	01039	—	—	—	2.32	—
推土机 功率88 kW	台时	01044	0.19	0.19	0.19	0.19	0.19

工作内容:挖运、卸除、空回。

适用范围:露天作业。

单位:100 m³

定额编号			D010662	D010663	D010664	D010665	D010666
项目			Ⅲ类土				
			运距/m				
			500				
			1.0 m³ 装载机	2.0 m³ 装载机	3.0 m³ 装载机	4.0 m³ 装载机	5.0 m³ 装载机
名称	单位	代号	数量				
人工	工时	11010	1.90	1.90	1.90	1.90	1.90
零星材料费	％	11998	10.00	10.00	10.00	10.00	10.00
装载机 轮胎式 斗容1.0 m³	台时	01028	11.07	—	—	—	—
装载机 轮胎式 斗容2.0 m³	台时	01030	—	5.56	—	—	—
装载机 轮胎式 斗容3.0 m³	台时	01031	—	—	3.69	—	—
装载机 轮胎式 斗容5.0 m³	台时	01032	—	—	—	—	2.20
装载机 侧卸式 斗容4.0 m³	台时	01039	—	—	—	2.78	—
推土机 功率88 kW	台时	01044	0.19	0.19	0.19	0.19	0.19

1-31-3 装载机挖运土（Ⅳ类土）

工作内容：挖运、卸除、空回。
适用范围：露天作业。

单位：100 m³

定额编号			D010667	D010668	D010669	D010670	D010671
项目			Ⅳ类土				
			挖卸土				
			1.0 m³ 装载机	2.0 m³ 装载机	3.0 m³ 装载机	4.0 m³ 装载机	5.0 m³ 装载机
名称	单位	代号	数量				
人工	工时	11010	2.80	2.80	2.80	2.80	2.80
零星材料费	％	11998	10.00	10.00	10.00	10.00	10.00
装载机 轮胎式 斗容1.0 m³	台时	01028	1.29	—	—	—	—
装载机 轮胎式 斗容2.0 m³	台时	01030	—	0.73	—	—	—
装载机 轮胎式 斗容3.0 m³	台时	01031	—	—	0.51	—	—
装载机 轮胎式 斗容5.0 m³	台时	01032	—	—	—	—	0.35
装载机 侧卸式 斗容4.0 m³	台时	01039	—	—	—	0.41	—
推土机 功率88 kW	台时	01044	0.95	0.95	0.95	0.95	0.95

工作内容：挖运、卸除、空回。
适用范围：露天作业。

单位：100 m³

定额编号			D010672	D010673	D010674	D010675	D010676
项目			Ⅳ类土				
			运距/m				
			50				
			1.0 m³ 装载机	2.0 m³ 装载机	3.0 m³ 装载机	4.0 m³ 装载机	5.0 m³ 装载机
名称	单位	代号	数量				
人工	工时	11010	2.80	2.80	2.80	2.80	2.80
零星材料费	％	11998	10.00	10.00	10.00	10.00	10.00
装载机 轮胎式 斗容1.0 m³	台时	01028	1.83	—	—	—	—
装载机 轮胎式 斗容2.0 m³	台时	01030	—	0.91	—	—	—
装载机 轮胎式 斗容3.0 m³	台时	01031	—	—	0.60	—	—
装载机 轮胎式 斗容5.0 m³	台时	01032	—	—	—	—	0.40
装载机 侧卸式 斗容4.0 m³	台时	01039	—	—	—	0.46	—
推土机 功率88 kW	台时	01044	0.95	0.95	0.95	0.95	0.95

工作内容:挖运、卸除、空回。
适用范围:露天作业。

单位:100 m³

定额编号			D010677	D010678	D010679	D010680	D010681
项目			Ⅳ类土				
			运距/m				
			100				
			1.0 m³ 装载机	2.0 m³ 装载机	3.0 m³ 装载机	4.0 m³ 装载机	5.0 m³ 装载机
名称	单位	代号	数量				
人工	工时	11010	2.80	2.80	2.80	2.80	2.80
零星材料费	%	11998	10.00	10.00	10.00	10.00	10.00
装载机 轮胎式 斗容1.0 m³	台时	01028	2.87	—	—	—	—
装载机 轮胎式 斗容2.0 m³	台时	01030	—	1.43	—	—	—
装载机 轮胎式 斗容3.0 m³	台时	01031	—	—	0.95	—	—
装载机 轮胎式 斗容5.0 m³	台时	01032	—	—	—	—	0.57
装载机 侧卸式 斗容4.0 m³	台时	01039	—	—	—	0.72	—
推土机 功率88 kW	台时	01044	0.95	0.95	0.95	0.95	0.95

工作内容:挖运、卸除、空回。
适用范围:露天作业。

单位:100 m³

定额编号			D010682	D010683	D010684	D010685	D010686
项目			Ⅳ类土				
			运距/m				
			200				
			1.0 m³ 装载机	2.0 m³ 装载机	3.0 m³ 装载机	4.0 m³ 装载机	5.0 m³ 装载机
名称	单位	代号	数量				
人工	工时	11010	2.80	2.80	2.80	2.80	2.80
零星材料费	%	11998	10.00	10.00	10.00	10.00	10.00
装载机 轮胎式 斗容1.0 m³	台时	01028	4.77	—	—	—	—
装载机 轮胎式 斗容2.0 m³	台时	01030	—	2.38	—	—	—
装载机 轮胎式 斗容3.0 m³	台时	01031	—	—	1.58	—	—
装载机 轮胎式 斗容5.0 m³	台时	01032	—	—	—	—	0.94
装载机 侧卸式 斗容4.0 m³	台时	01039	—	—	—	1.18	—
推土机 功率88 kW	台时	01044	0.95	0.95	0.95	0.95	0.95

工作内容:挖运、卸除、空回。

适用范围:露天作业。

单位:100 m³

定额编号			D010687	D010688	D010689	D010690	D010691
项目			Ⅳ类土				
			运距/m				
			300				
			1.0 m³ 装载机	2.0 m³ 装载机	3.0 m³ 装载机	4.0 m³ 装载机	5.0 m³ 装载机
名称	单位	代号	数量				
人工	工时	11010	2.80	2.80	2.80	2.80	2.80
零星材料费	%	11998	10.00	10.00	10.00	10.00	10.00
装载机 轮胎式 斗容1.0 m³	台时	01028	6.53	—	—	—	—
装载机 轮胎式 斗容2.0 m³	台时	01030	—	3.25	—	—	—
装载机 轮胎式 斗容3.0 m³	台时	01031	—	—	2.16	—	—
装载机 轮胎式 斗容5.0 m³	台时	01032	—	—	—	—	1.30
装载机 侧卸式 斗容4.0 m³	台时	01039	—	—	—	1.63	—
推土机 功率88 kW	台时	01044	0.95	0.95	0.95	0.95	0.95

工作内容:挖运、卸除、空回。

适用范围:露天作业。

单位:100 m³

定额编号			D010692	D010693	D010694	D010695	D010696
项目			Ⅳ类土				
			运距/m				
			400				
			1.0 m³ 装载机	2.0 m³ 装载机	3.0 m³ 装载机	4.0 m³ 装载机	5.0 m³ 装载机
名称	单位	代号	数量				
人工	工时	11010	2.80	2.80	2.80	2.80	2.80
零星材料费	%	11998	10.00	10.00	10.00	10.00	10.00
装载机 轮胎式 斗容1.0 m³	台时	01028	8.21	—	—	—	—
装载机 轮胎式 斗容2.0 m³	台时	01030	—	4.11	—	—	—
装载机 轮胎式 斗容3.0 m³	台时	01031	—	—	2.72	—	—
装载机 轮胎式 斗容5.0 m³	台时	01032	—	—	—	—	1.63
装载机 侧卸式 斗容4.0 m³	台时	01039	—	—	—	2.03	—
推土机 功率88 kW	台时	01044	0.95	0.95	0.95	0.95	0.95

工作内容:挖运、卸除、空回。
适用范围:露天作业。

单位:100 m³

定额编号			D010697	D010698	D010699	D010700	D010701
项目			Ⅳ类土				
			运距/m				
			500				
			1.0 m³ 装载机	2.0 m³ 装载机	3.0 m³ 装载机	4.0 m³ 装载机	5.0 m³ 装载机
名称	单位	代号	数量				
人工	工时	11010	2.80	2.80	2.80	2.80	2.80
零星材料费	%	11998	10.00	10.00	10.00	10.00	10.00
装载机 轮胎式 斗容1.0 m³	台时	01028	9.83	—	—	—	—
装载机 轮胎式 斗容2.0 m³	台时	01030	—	4.87	—	—	—
装载机 轮胎式 斗容3.0 m³	台时	01031	—	—	3.25	—	—
装载机 轮胎式 斗容5.0 m³	台时	01032	—	—	—	—	1.95
装载机 侧卸式 斗容4.0 m³	台时	01039	—	—	—	2.43	—
推土机 功率88 kW	台时	01044	0.95	0.95	0.95	0.95	0.95

1-32 机械挖基坑土方、淤泥、流砂

工作内容:挖运至基坑外 20 m,包括近坑底标高 0.3 m 以内的土方以人工挖运,坑壁及坑底修整。

单位:100 m³

定额编号			D010702	D010703	D010704	D010705
项目			挖土方 基坑深≤6 m		机械挖淤泥	机械挖流砂
			无水	有水		
名称	单位	代号	数量			
人工	工时	11010	18.40	20.10	8.80	10.40
零星材料费	%	11998	10.00	10.00	10.00	10.00
单斗挖掘机 液压 斗容 0.6 m³	台时	01008	4.00	4.00	6.41	7.25
推土机 功率74 kW	台时	01043	0.80	0.80	1.60	1.60

1-33　1.0 m³ 挖掘机挖装土自卸汽车运输

工作内容:挖装、运输、卸除、空回。
适用范围:Ⅲ类土、露天作业。

单位:100 m³

定额编号			D010706	D010707	D010708	D010709	D010710	D010711
项目			运距/km					
			1			2		
			5.0 t自卸汽车运输	8.0 t自卸汽车运输	10 t自卸汽车运输	5.0 t自卸汽车运输	8.0 t自卸汽车运输	10 t自卸汽车运输
名称	单位	代号	数量					
人工	工时	11010	6.70	6.70	6.70	6.70	6.70	6.70
零星材料费	‰	11998	4.00	4.00	4.00	4.00	4.00	4.00
单斗挖掘机 液压 斗容1.0 m³	台时	01009	1.00	1.00	1.00	1.00	1.00	1.00
推土机 功率59 kW	台时	01042	0.50	0.50	0.50	0.50	0.50	0.50
自卸汽车 载重量5.0 t	台时	03012	9.88	—	—	12.95	—	—
自卸汽车 载重量8.0 t	台时	03013	—	6.55	—	—	8.45	—
自卸汽车 载重量10 t	台时	03015	—	—	6.06	—	—	7.67

工作内容:挖装、运输、卸除、空回。
适用范围:Ⅲ类土、露天作业。

单位:100 m³

定额编号			D010712	D010713	D010714	D010715	D010716	D010717
项目			运距/km					
			3			4		
			5.0 t自卸汽车运输	8.0 t自卸汽车运输	10 t自卸汽车运输	5.0 t自卸汽车运输	8.0 t自卸汽车运输	10 t自卸汽车运输
名称	单位	代号	数量					
人工	工时	11010	6.70	6.70	6.70	6.70	6.70	6.70
零星材料费	‰	11998	4.00	4.00	4.00	4.00	4.00	4.00
单斗挖掘机 液压 斗容1.0 m³	台时	01009	1.00	1.00	1.00	1.00	1.00	1.00
推土机 功率59 kW	台时	01042	0.50	0.50	0.50	0.50	0.50	0.50
自卸汽车 载重量5.0 t	台时	03012	15.71	—	—	18.49	—	—
自卸汽车 载重量8.0 t	台时	03013	—	10.18	—	—	11.83	—
自卸汽车 载重量10 t	台时	03015	—	—	9.20	—	—	10.63

工作内容:挖装、运输、卸除、空回。

适用范围:Ⅲ类土、露天作业。

单位:100 m³

定额编号			D010718	D010719	D010720	D010721	D010722	D010723
项目			运距/km			增运/m		
			5			1		
			5.0 t自卸汽车运输	8.0 t自卸汽车运输	10 t自卸汽车运输	5.0 t自卸汽车运输	8.0 t自卸汽车运输	10 t自卸汽车运输
名称	单位	代号	数量					
人工	工时	11010	6.70	6.70	6.70	—	—	—
零星材料费	%	11998	4.00	4.00	4.00	—	—	—
单斗挖掘机 液压 斗容1.0 m³	台时	01009	1.00	1.00	1.00	—	—	—
推土机 功率59 kW	台时	01042	0.50	0.50	0.50	—	—	—
自卸汽车 载重量5.0 t	台时	03012	21.00	—	—	2.34	—	—
自卸汽车 载重量8.0 t	台时	03013	—	13.42	—	—	1.47	—
自卸汽车 载重量10 t	台时	03015	—	—	11.92	—	—	1.23

1-34 2.0 m³挖掘机挖装土自卸汽车运输

工作内容:挖装、运输、卸除、空回。

适用范围:Ⅲ类土、露天作业。

单位:100 m³

定额编号			D010724	D010725	D010726	D010727	D010728	D010729
项目			运距/km					
			1					
			8.0 t自卸汽车运输	10 t自卸汽车运输	12 t自卸汽车运输	15 t自卸汽车运输	18 t自卸汽车运输	20 t自卸汽车运输
名称	单位	代号	数量					
人工	工时	11010	4.30	4.30	4.30	4.30	4.30	4.30
零星材料费	%	11998	4.00	4.00	4.00	4.00	4.00	4.00
单斗挖掘机 液压 斗容2.0 m³	台时	01011	0.64	0.64	0.64	0.64	0.64	0.64
推土机 功率59 kW	台时	01042	0.32	0.32	0.32	0.32	0.32	0.32
自卸汽车 载重量8.0 t	台时	03013	6.12	—	—	—	—	—
自卸汽车 载重量10 t	台时	03015	—	5.62	—	—	—	—
自卸汽车 载重量12 t	台时	03016	—	—	5.05	—	—	—
自卸汽车 载重量15 t	台时	03017	—	—	—	4.18	—	—
自卸汽车 载重量18 t	台时	03018	—	—	—	—	3.83	—
自卸汽车 载重量20 t	台时	03019	—	—	—	—	—	3.56

工作内容:挖装、运输、卸除、空回。
适用范围:Ⅲ类土、露天作业。

单位:100 m³

定额编号			D010730	D010731	D010732	D010733	D010734	D010735
项目			运距/km					
			2					
			8.0 t自卸汽车运输	10 t自卸汽车运输	12 t自卸汽车运输	15 t自卸汽车运输	18 t自卸汽车运输	20 t自卸汽车运输
名称	单位	代号	数量					
人工	工时	11010	4.30	4.30	4.30	4.30	4.30	4.30
零星材料费	‰	11998	4.00	4.00	4.00	4.00	4.00	4.00
单斗挖掘机 液压 斗容2.0 m³	台时	01011	0.64	0.64	0.64	0.64	0.64	0.64
推土机 功率59 kW	台时	01042	0.32	0.32	0.32	0.32	0.32	0.32
自卸汽车 载重量8.0 t	台时	03013	8.10	—	—	—	—	—
自卸汽车 载重量10 t	台时	03015	—	7.26	—	—	—	—
自卸汽车 载重量12 t	台时	03016	—	—	6.48	—	—	—
自卸汽车 载重量15 t	台时	03017	—	—	—	5.33	—	—
自卸汽车 载重量18 t	台时	03018	—	—	—	—	4.79	—
自卸汽车 载重量20 t	台时	03019	—	—	—	—	—	4.43

工作内容:挖装、运输、卸除、空回。
适用范围:Ⅲ类土、露天作业。

单位:100 m³

定额编号			D010736	D010737	D010738	D010739	D010740	D010741
项目			运距/km					
			3					
			8.0 t自卸汽车运输	10 t自卸汽车运输	12 t自卸汽车运输	15 t自卸汽车运输	18 t自卸汽车运输	20 t自卸汽车运输
名称	单位	代号	数量					
人工	工时	11010	4.30	4.30	4.30	4.30	4.30	4.30
零星材料费	‰	11998	4.00	4.00	4.00	4.00	4.00	4.00
单斗挖掘机 液压 斗容2.0 m³	台时	01011	0.64	0.64	0.64	0.64	0.64	0.64
推土机 功率59 kW	台时	01042	0.32	0.32	0.32	0.32	0.32	0.32
自卸汽车 载重量8.0 t	台时	03013	9.77	—	—	—	—	—
自卸汽车 载重量10 t	台时	03015	—	8.68	—	—	—	—
自卸汽车 载重量12 t	台时	03016	—	—	7.80	—	—	—
自卸汽车 载重量15 t	台时	03017	—	—	—	6.39	—	—
自卸汽车 载重量18 t	台时	03018	—	—	—	—	5.64	—
自卸汽车 载重量20 t	台时	03019	—	—	—	—	—	5.22

工作内容:挖装、运输、卸除、空回。

适用范围:Ⅲ类土、露天作业。

单位:100 m³

定额编号			D010742	D010743	D010744	D010745	D010746	D010747
项目			运距/km					
			4					
			8.0 t自卸汽车运输	10 t自卸汽车运输	12 t自卸汽车运输	15 t自卸汽车运输	18 t自卸汽车运输	20 t自卸汽车运输
名称	单位	代号	数量					
人工	工时	11010	4.30	4.30	4.30	4.30	4.30	4.30
零星材料费	％	11998	4.00	4.00	4.00	4.00	4.00	4.00
单斗挖掘机 液压 斗容2.0 m³	台时	01011	0.64	0.64	0.64	0.65	0.64	0.64
推土机 功率59 kW	台时	01042	0.32	0.32	0.32	0.32	0.32	0.32
自卸汽车 载重量8.0 t	台时	03013	11.51	—	—	—	—	—
自卸汽车 载重量10 t	台时	03015	—	10.12	—	—	—	—
自卸汽车 载重量12 t	台时	03016	—	—	9.02	—	—	—
自卸汽车 载重量15 t	台时	03017	—	—	—	7.35	—	—
自卸汽车 载重量18 t	台时	03018	—	—	—	—	6.44	—
自卸汽车 载重量20 t	台时	03019	—	—	—	—	—	5.98

工作内容:挖装、运输、卸除、空回。

适用范围:Ⅲ类土、露天作业。

单位:100 m³

定额编号			D010748	D010749	D010750	D010751	D010752	D010753
项目			运距/km					
			5					
			8.0 t自卸汽车运输	10 t自卸汽车运输	12 t自卸汽车运输	15 t自卸汽车运输	18 t自卸汽车运输	20 t自卸汽车运输
名称	单位	代号	数量					
人工	工时	11010	4.30	4.30	4.30	4.30	4.30	4.30
零星材料费	％	11998	4.00	4.00	4.00	4.00	4.00	4.00
单斗挖掘机 液压 斗容2.0 m³	台时	01011	0.64	0.64	0.64	0.64	0.64	0.64
推土机 功率59 kW	台时	01042	0.32	0.32	0.32	0.32	0.32	0.32
自卸汽车 载重量8.0 t	台时	03013	13.02	—	—	—	—	—
自卸汽车 载重量10 t	台时	03015	—	11.43	—	—	—	—
自卸汽车 载重量12 t	台时	03016	—	—	10.18	—	—	—
自卸汽车 载重量15 t	台时	03017	—	—	—	8.25	—	—
自卸汽车 载重量18 t	台时	03018	—	—	—	—	7.28	—
自卸汽车 载重量20 t	台时	03019	—	—	—	—	—	6.69

T/CAGHP 065.3—2019

工作内容:挖装、运输、卸除、空回。
适用范围:Ⅲ类土、露天作业。

单位:100 m³

定额编号			D010754	D010755	D010756	D010757	D010758	D010759
项目			增运/km					
			1					
			8.0 t自卸汽车运输	10 t自卸汽车运输	12 t自卸汽车运输	15 t自卸汽车运输	18 t自卸汽车运输	20 t自卸汽车运输
名称	单位	代号	数量					
自卸汽车 载重量8.0 t	台时	03013	1.47	—	—	—	—	—
自卸汽车 载重量10 t	台时	03015	—	1.23	—	—	—	—
自卸汽车 载重量12 t	台时	03016	—	—	1.08	—	—	—
自卸汽车 载重量15 t	台时	03017	—	—	—	0.87	—	—
自卸汽车 载重量18 t	台时	03018	—	—	—	—	0.72	—
自卸汽车 载重量20 t	台时	03019	—	—	—	—	—	0.67

1-35　3.0 m³挖掘机挖装土自卸汽车运输

工作内容:挖装、运输、卸除、空回。
适用范围:Ⅲ类土、露天作业。

单位:100 m³

定额编号			D010760	D010761	D010762	D010763	D010764	D010765	D010766
项目			运距/km						
			1						
			12 t自卸汽车运输	15 t自卸汽车运输	18 t自卸汽车运输	20 t自卸汽车运输	25 t自卸汽车运输	27 t自卸汽车运输	32 t自卸汽车运输
名称	单位	代号	数量						
人工	工时	11010	3.10	3.10	3.10	3.10	3.10	3.10	3.10
零星材料费	%	11998	4.00	4.00	4.00	4.00	4.00	4.00	4.00
单斗挖掘机 液压 斗容3.0 m³	台时	01013	0.46	0.46	0.46	0.46	0.46	0.46	0.46
推土机 功率88 kW	台时	01044	0.23	0.23	0.23	0.23	0.23	0.23	0.23
自卸汽车 载重量12 t	台时	03016	4.93	—	—	—	—	—	—
自卸汽车 载重量15 t	台时	03017	—	3.95	—	—	—	—	—
自卸汽车 载重量18 t	台时	03018	—	—	3.64	—	—	—	—
自卸汽车 载重量20 t	台时	03019	—	—	—	3.38	—	—	—
自卸汽车 载重量25 t	台时	03020	—	—	—	—	2.84	—	—
自卸汽车 载重量27 t	台时	03021	—	—	—	—	—	2.68	—
自卸汽车 载重量32 t	台时	03022	—	—	—	—	—	—	2.31

工作内容:挖装、运输、卸除、空回。

适用范围:Ⅲ类土、露天作业。

单位:100 m³

定额编号			D010767	D010768	D010769	D010770	D010771	D010772	D010773
项目			运距/km						
			2						
			12 t自卸汽车运输	15 t自卸汽车运输	18 t自卸汽车运输	20 t自卸汽车运输	25 t自卸汽车运输	27 t自卸汽车运输	32 t自卸汽车运输
名称	单位	代号	数量						
人工	工时	11010	3.10	3.10	3.10	3.10	3.10	3.10	3.10
零星材料费	％	11998	4.00	4.00	4.00	4.00	4.00	4.00	4.00
单斗挖掘机 液压 斗容3.0 m³	台时	01013	0.46	0.46	0.46	0.46	0.46	0.46	0.46
推土机 功率88 kW	台时	01044	0.23	0.23	0.23	0.23	0.23	0.23	0.23
自卸汽车 载重量12 t	台时	03016	6.38	—	—	—	—	—	—
自卸汽车 载重量15 t	台时	03017	—	5.08	—	—	—	—	—
自卸汽车 载重量18 t	台时	03018	—	—	4.59	—	—	—	—
自卸汽车 载重量20 t	台时	03019	—	—	—	4.26	—	—	—
自卸汽车 载重量25 t	台时	03020	—	—	—	—	3.54	—	—
自卸汽车 载重量27 t	台时	03021	—	—	—	—	—	3.34	—
自卸汽车 载重量32 t	台时	03022	—	—	—	—	—	—	2.84

工作内容:挖装、运输、卸除、空回。

适用范围:Ⅲ类土、露天作业。

单位:100 m³

定额编号			D010774	D010775	D010776	D010777	D010778	D010779	D010780
项目			运距/km						
			3						
			12 t自卸汽车运输	15 t自卸汽车运输	18 t自卸汽车运输	20 t自卸汽车运输	25 t自卸汽车运输	27 t自卸汽车运输	32 t自卸汽车运输
名称	单位	代号	数量						
人工	工时	11010	3.10	3.10	3.10	3.10	3.10	3.10	3.10
零星材料费	％	11998	4.00	4.00	4.00	4.00	4.00	4.00	4.00
单斗挖掘机 液压 斗容3.0 m³	台时	01013	0.46	0.46	0.46	0.46	0.46	0.46	0.46
推土机 功率88 kW	台时	01044	0.23	0.23	0.23	0.23	0.23	0.23	0.23
自卸汽车 载重量12 t	台时	03016	7.66	—	—	—	—	—	—
自卸汽车 载重量15 t	台时	03017	—	6.13	—	—	—	—	—
自卸汽车 载重量18 t	台时	03018	—	—	5.46	—	—	—	—
自卸汽车 载重量20 t	台时	03019	—	—	—	5.06	—	—	—
自卸汽车 载重量25 t	台时	03020	—	—	—	—	4.19	—	—
自卸汽车 载重量27 t	台时	03021	—	—	—	—	—	3.96	—
自卸汽车 载重量32 t	台时	03022	—	—	—	—	—	—	3.34

工作内容：挖装、运输、卸除、空回。

适用范围：Ⅲ类土、露天作业。

单位：100 m³

项目			定额编号	D010781	D010782	D010783	D010784	D010785	D010786	D010787
				运距/km						
				4						
				12 t自卸汽车运输	15 t自卸汽车运输	18 t自卸汽车运输	20 t自卸汽车运输	25 t自卸汽车运输	27 t自卸汽车运输	32 t自卸汽车运输
名称	单位	代号		数量						
人工	工时	11010		3.10	3.10	3.10	3.10	3.10	3.10	3.10
零星材料费	%	11998		4.00	4.00	4.00	4.00	4.00	4.00	4.00
单斗挖掘机 液压 斗容3.0 m³	台时	01013		0.46	0.46	0.46	0.46	0.46	0.46	0.46
推土机 功率88 kW	台时	01044		0.23	0.23	0.23	0.23	0.23	0.23	0.23
自卸汽车 载重量12 t	台时	03016		8.93	—	—	—	—	—	—
自卸汽车 载重量15 t	台时	03017		—	7.11	—	—	—	—	—
自卸汽车 载重量18 t	台时	03018		—	—	6.31	—	—	—	—
自卸汽车 载重量20 t	台时	03019		—	—	—	5.81	—	—	—
自卸汽车 载重量25 t	台时	03020		—	—	—	—	4.81	—	—
自卸汽车 载重量27 t	台时	03021		—	—	—	—	—	4.53	—
自卸汽车 载重量32 t	台时	03022		—	—	—	—	—	—	3.80

工作内容：挖装、运输、卸除、空回。

适用范围：Ⅲ类土、露天作业。

单位：100 m³

项目			定额编号	D010788	D010789	D010790	D010791	D010792	D010793	D010794
				运距/km						
				5						
				12 t自卸汽车运输	15 t自卸汽车运输	18 t自卸汽车运输	20 t自卸汽车运输	25 t自卸汽车运输	27 t自卸汽车运输	32 t自卸汽车运输
名称	单位	代号		数量						
人工	工时	11010		3.10	3.10	3.10	3.10	3.10	3.10	3.10
零星材料费	%	11998		4.00	4.00	4.00	4.00	4.00	4.00	4.00
单斗挖掘机 液压 斗容3.0 m³	台时	01013		0.46	0.46	0.46	0.46	0.46	0.46	0.46
推土机 功率88 kW	台时	01044		0.23	0.23	0.23	0.23	0.23	0.23	0.23
自卸汽车 载重量12 t	台时	03016		10.09	—	—	—	—	—	—
自卸汽车 载重量15 t	台时	03017		—	8.08	—	—	—	—	—
自卸汽车 载重量18 t	台时	03018		—	—	7.09	—	—	—	—
自卸汽车 载重量20 t	台时	03019		—	—	—	6.55	—	—	—
自卸汽车 载重量25 t	台时	03020		—	—	—	—	5.40	—	—
自卸汽车 载重量27 t	台时	03021		—	—	—	—	—	5.09	—
自卸汽车 载重量32 t	台时	03022		—	—	—	—	—	—	4.26

工作内容:挖装、运输、卸除、空回。

适用范围:Ⅲ类土、露天作业。

单位:100 m³

定额编号			D010795	D010796	D010797	D010798	D010799	D010800	D010801
项目			增运/km						
			1						
			12 t自卸汽车运输	15 t自卸汽车运输	18 t自卸汽车运输	20 t自卸汽车运输	25 t自卸汽车运输	27 t自卸汽车运输	32 t自卸汽车运输
名称	单位	代号	数量						
自卸汽车 载重量 12 t	台时	03016	1.08	—	—	—	—	—	—
自卸汽车 载重量 15 t	台时	03017	—	0.87	—	—	—	—	—
自卸汽车 载重量 18 t	台时	03018	—	—	0.72	—	—	—	—
自卸汽车 载重量 20 t	台时	03019	—	—	—	0.66	—	—	—
自卸汽车 载重量 25 t	台时	03020	—	—	—	—	0.55	—	—
自卸汽车 载重量 27 t	台时	03021	—	—	—	—	—	0.51	—
自卸汽车 载重量 32 t	台时	03022	—	—	—	—	—	—	0.41

1-36　1.0 m³ 装载机挖装土自卸汽车运输

工作内容:挖装、运输、卸除、空回。

适用范围:Ⅲ类土、露天作业。

单位:100 m³

定额编号			D010802	D010803	D010804	D010805	D010806	D010807
项目			运距/km					
			1			2		
			5.0 t自卸汽车运输	8.0 t自卸汽车运输	10 t自卸汽车运输	5.0 t自卸汽车运输	8.0 t自卸汽车运输	10 t自卸汽车运输
名称	单位	代号	数量					
人工	工时	11010	8.80	8.80	8.80	8.80	8.80	8.80
零星材料费	%	11998	3.00	3.00	3.00	3.00	3.00	3.00
装载机 轮胎式 斗容1.0 m³	台时	01028	1.66	1.66	1.66	1.66	1.66	1.66
推土机 功率59 kW	台时	01042	0.83	0.83	0.83	0.83	0.83	0.83
自卸汽车 载重量5.0 t	台时	03012	10.65	—	—	13.75	—	—
自卸汽车 载重量8.0 t	台时	03013	—	7.23	—	—	9.17	—
自卸汽车 载重量10 t	台时	03015	—	—	6.75	—	—	8.41

工作内容:挖装、运输、卸除、空回。
适用范围:Ⅲ类土、露天作业。

单位:100 m³

定额编号			D010808	D010809	D010810	D010811	D010812	D010813
项目			运距/km					
			3			4		
			5.0 t自卸汽车运输	8.0 t自卸汽车运输	10 t自卸汽车运输	5.0 t自卸汽车运输	8.0 t自卸汽车运输	10 t自卸汽车运输
名称	单位	代号	数量					
人工	工时	11010	8.80	8.80	8.80	8.80	8.80	8.80
零星材料费	%	11998	3.00	3.00	3.00	3.00	3.00	3.00
装载机 轮胎式 斗容1.0 m³	台时	01028	1.66	1.66	1.66	1.66	1.66	1.66
推土机 功率59 kW	台时	01042	0.83	0.83	0.83	0.83	0.83	0.83
自卸汽车 载重量5.0 t	台时	03012	16.47	—	—	19.11	—	—
自卸汽车 载重量8.0 t	台时	03013	—	10.86	—	—	12.63	—
自卸汽车 载重量10 t	台时	03015	—	—	9.90	—	—	11.35

工作内容:挖装、运输、卸除、空回。
适用范围:Ⅲ类土、露天作业。

单位:100 m³

定额编号			D010814	D010815	D010816	D010817	D010818	D010819
项目			运距/km			增运/km		
			5			1		
			5.0 t自卸汽车运输	8.0 t自卸汽车运输	10 t自卸汽车运输	5.0 t自卸汽车运输	8.0 t自卸汽车运输	10 t自卸汽车运输
名称	单位	代号	数量					
人工	工时	11010	8.80	8.80	8.80	—	—	—
零星材料费	%	11998	3.00	3.00	3.00	—	—	—
装载机 轮胎式 斗容1.0 m³	台时	01028	1.66	1.66	1.66	—	—	—
推土机 功率59 kW	台时	01042	0.83	0.83	0.83	—	—	—
自卸汽车 载重量5.0 t	台时	03012	21.72	—	—	2.35	—	—
自卸汽车 载重量8.0 t	台时	03013	—	14.15	—	—	1.47	—
自卸汽车 载重量10 t	台时	03015	—	—	12.69	—	—	1.24

1-37　1.5 m³ 装载机挖装土自卸汽车运输

工作内容:挖装、运输、卸除、空回。

适用范围:Ⅲ类土、露天作业。

单位:100 m³

定额编号			D010820	D010821	D010822	D010823
项目			运距/km			
			1			
			8.0 t 自卸汽车运输	10 t 自卸汽车运输	12 t 自卸汽车运输	15 t 自卸汽车运输
名称	单位	代号	数量			
人工	工时	11010	6.30	6.30	6.30	6.30
零星材料费	‰	11998	3.00	3.00	3.00	3.00
装载机 轮胎式 斗容1.5 m³	台时	01029	1.18	1.18	1.18	1.18
推土机 功率59 kW	台时	01042	0.59	0.59	0.59	0.59
自卸汽车 载重量8.0 t	台时	03013	6.75	—	—	—
自卸汽车 载重量10 t	台时	03015	—	6.12	—	—
自卸汽车 载重量12 t	台时	03016	—	—	5.58	—
自卸汽车 载重量15 t	台时	03017	—	—	—	4.65

工作内容:挖装、运输、卸除、空回。

适用范围:Ⅲ类土、露天作业。

单位:100 m³

定额编号			D010824	D010825	D010826	D010827
项目			运距/km			
			2			
			8.0 t 自卸汽车运输	10 t 自卸汽车运输	12 t 自卸汽车运输	15 t 自卸汽车运输
名称	单位	代号	数量			
人工	工时	11010	6.30	6.30	6.30	6.30
零星材料费	‰	11998	3.00	3.00	3.00	3.00
装载机 轮胎式 斗容1.5 m³	台时	01029	1.18	1.18	1.18	1.18
推土机 功率59 kW	台时	01042	0.59	0.59	0.59	0.59
自卸汽车 载重量8.0 t	台时	03013	8.63	—	—	—
自卸汽车 载重量10 t	台时	03015	—	7.72	—	—
自卸汽车 载重量12 t	台时	03016	—	—	7.00	—
自卸汽车 载重量15 t	台时	03017	—	—	—	5.79

工作内容:挖装、运输、卸除、空回。

适用范围:Ⅲ类土、露天作业。

单位:100 m³

定额编号			D010828	D010829	D010830	D010831
项目			运距/km			
			3			
			8.0 t 自卸汽车运输	10 t 自卸汽车运输	12 t 自卸汽车运输	15 t 自卸汽车运输
名称	单位	代号	数量			
人工	工时	11010	6.30	6.30	6.30	6.30
零星材料费	%	11998	3.00	3.00	3.00	3.00
装载机 轮胎式 斗容1.5 m³	台时	01029	1.18	1.18	1.18	1.18
推土机 功率59 kW	台时	01042	0.59	0.59	0.59	0.59
自卸汽车 载重量8.0 t	台时	03013	10.44	—	—	—
自卸汽车 载重量10 t	台时	03015	—	9.23	—	—
自卸汽车 载重量12 t	台时	03016	—	—	8.28	—
自卸汽车 载重量15 t	台时	03017	—	—	—	6.82

工作内容:挖装、运输、卸除、空回。

适用范围:Ⅲ类土、露天作业。

单位:100 m³

定额编号			D010832	D010833	D010834	D010835
项目			运距/km			
			4			
			8.0 t 自卸汽车运输	10 t 自卸汽车运输	12 t 自卸汽车运输	15 t 自卸汽车运输
名称	单位	代号	数量			
人工	工时	11010	6.30	6.30	6.30	6.30
零星材料费	%	11998	3.00	3.00	3.00	3.00
装载机 轮胎式 斗容1.5 m³	台时	01029	1.18	1.18	1.18	1.18
推土机 功率59 kW	台时	01042	0.59	0.59	0.59	0.59
自卸汽车 载重量8.0 t	台时	03013	12.11	—	—	—
自卸汽车 载重量10 t	台时	03015	—	10.59	—	—
自卸汽车 载重量12 t	台时	03016	—	—	9.47	—
自卸汽车 载重量15 t	台时	03017	—	—	—	7.83

工作内容:挖装、运输、卸除、空回。

适用范围:Ⅲ类土、露天作业。

单位:100 m³

定额编号			D010836	D010837	D010838	D010839
项目			运距/km			
			5			
			8.0 t 自卸汽车运输	10 t 自卸汽车运输	12 t 自卸汽车运输	15 t 自卸汽车运输
名称	单位	代号	数量			
人工	工时	11010	6.30	6.30	6.30	6.30
零星材料费	%	11998	3.00	3.00	3.00	3.00
装载机 轮胎式 斗容1.5 m³	台时	01029	1.18	1.18	1.18	1.18
推土机 功率59 kW	台时	01042	0.59	0.59	0.59	0.59
自卸汽车 载重量8.0 t	台时	03013	13.65	—	—	—
自卸汽车 载重量10 t	台时	03015	—	12.02	—	—
自卸汽车 载重量12 t	台时	03016	—	—	10.74	—
自卸汽车 载重量15 t	台时	03017	—	—	—	8.75

工作内容:挖装、运输、卸除、空回。

适用范围:Ⅲ类土、露天作业。

单位:100 m³

定额编号			D010840	D010841	D010842	D010843
项目			增运/km			
			1			
			8.0 t 自卸汽车运输	10 t 自卸汽车运输	12 t 自卸汽车运输	15 t 自卸汽车运输
名称	单位	代号	数量			
自卸汽车 载重量8.0 t	台时	03013	1.47	—	—	—
自卸汽车 载重量10 t	台时	03015	—	1.24	—	—
自卸汽车 载重量12 t	台时	03016	—	—	1.08	—
自卸汽车 载重量15 t	台时	03017	—	—	—	0.87

1-38 2.0 m³ 装载机挖装土自卸汽车运输

工作内容:挖装、运输、卸除、空回。

适用范围:Ⅲ类土、露天作业。

单位:100 m³

定额编号			D010844	D010845	D010846	D010847	D010848	D010849
项目			运距/km					
			1					
			8.0 t自卸汽车运输	10 t自卸汽车运输	12 t自卸汽车运输	15 t自卸汽车运输	18 t自卸汽车运输	20 t自卸汽车运输
名称	单位	代号	数量					
人工	工时	11010	5.00	5.00	5.00	5.00	5.00	5.00
零星材料费	%	11998	3.00	3.00	3.00	3.00	3.00	3.00
装载机 轮胎式 斗容2.0 m³	台时	01030	0.94	0.94	0.94	0.94	0.94	0.94
推土机 功率59 kW	台时	01042	0.47	0.47	0.47	0.47	0.47	0.47
自卸汽车 载重量8.0 t	台时	03013	6.48	—	—	—	—	—
自卸汽车 载重量10 t	台时	03015	—	5.89	—	—	—	—
自卸汽车 载重量12 t	台时	03016	—	—	5.40	—	—	—
自卸汽车 载重量15 t	台时	03017	—	—	—	4.53	—	—
自卸汽车 载重量18 t	台时	03018	—	—	—	—	4.15	—
自卸汽车 载重量20 t	台时	03019	—	—	—	—	—	3.85

工作内容:挖装、运输、卸除、空回。

适用范围:Ⅲ类土、露天作业。

单位:100 m³

定额编号			D010850	D010851	D010852	D010853	D010854	D010855
项目			运距/km					
			2					
			8.0 t自卸汽车运输	10 t自卸汽车运输	12 t自卸汽车运输	15 t自卸汽车运输	18 t自卸汽车运输	20 t自卸汽车运输
名称	单位	代号	数量					
人工	工时	11010	5.00	5.00	5.00	5.00	5.00	5.00
零星材料费	%	11998	3.00	3.00	3.00	3.00	3.00	3.00
装载机 轮胎式 斗容2.0 m³	台时	01030	0.94	0.94	0.94	0.94	0.94	0.94
推土机 功率59 kW	台时	01042	0.47	0.47	0.47	0.47	0.47	0.47
自卸汽车 载重量8.0 t	台时	03013	8.38	—	—	—	—	—
自卸汽车 载重量10 t	台时	03015	—	7.46	—	—	—	—
自卸汽车 载重量12 t	台时	03016	—	—	6.82	—	—	—
自卸汽车 载重量15 t	台时	03017	—	—	—	5.62	—	—
自卸汽车 载重量18 t	台时	03018	—	—	—	—	5.09	—
自卸汽车 载重量20 t	台时	03019	—	—	—	—	—	4.73

工作内容：挖装、运输、卸除、空回。

适用范围：Ⅲ类土、露天作业。

单位：100 m³

定额编号			D010856	D010857	D010858	D010859	D010860	D010861
项目			运距/km					
			3					
			8.0 t自卸汽车运输	10 t自卸汽车运输	12 t自卸汽车运输	15 t自卸汽车运输	18 t自卸汽车运输	20 t自卸汽车运输
名称	单位	代号	数量					
人工	工时	11010	5.00	5.00	5.00	5.00	5.00	5.00
零星材料费	%	11998	3.00	3.00	3.00	3.00	3.00	3.00
装载机 轮胎式 斗容2.0 m³	台时	01030	0.94	0.94	0.94	0.94	0.94	0.94
推土机 功率59 kW	台时	01042	0.47	0.47	0.47	0.47	0.47	0.47
自卸汽车 载重量8.0 t	台时	03013	10.11	—	—	—	—	—
自卸汽车 载重量10 t	台时	03015	—	8.97	—	—	—	—
自卸汽车 载重量12 t	台时	03016	—	—	8.08	—	—	—
自卸汽车 载重量15 t	台时	03017	—	—	—	6.67	—	—
自卸汽车 载重量18 t	台时	03018	—	—	—	—	5.96	—
自卸汽车 载重量20 t	台时	03019	—	—	—	—	—	5.53

工作内容：挖装、运输、卸除、空回。

适用范围：Ⅲ类土、露天作业。

单位：100 m³

定额编号			D010862	D010863	D010864	D010865	D010866	D010867
项目			运距/km					
			4					
			8.0 t自卸汽车运输	10 t自卸汽车运输	12 t自卸汽车运输	15 t自卸汽车运输	18 t自卸汽车运输	20 t自卸汽车运输
名称	单位	代号	数量					
人工	工时	11010	5.00	5.00	5.00	5.00	5.00	5.00
零星材料费	%	11998	3.00	3.00	3.00	3.00	3.00	3.00
装载机 轮胎式 斗容2.0 m³	台时	01030	0.94	0.94	0.94	0.94	0.94	0.94
推土机 功率59 kW	台时	01042	0.47	0.47	0.47	0.47	0.47	0.47
自卸汽车 载重量8.0 t	台时	03013	11.77	—	—	—	—	—
自卸汽车 载重量10 t	台时	03015	—	10.38	—	—	—	—
自卸汽车 载重量12 t	台时	03016	—	—	9.34	—	—	—
自卸汽车 载重量15 t	台时	03017	—	—	—	7.64	—	—
自卸汽车 载重量18 t	台时	03018	—	—	—	—	6.82	—
自卸汽车 载重量20 t	台时	03019	—	—	—	—	—	6.25

工作内容:挖装、运输、卸除、空回。

适用范围:Ⅲ类土、露天作业。

单位:100 m³

定额编号			D010868	D010869	D010870	D010871	D010872	D010873
项目			运距/km					
			5					
			8.0 t自卸汽车运输	10 t自卸汽车运输	12 t自卸汽车运输	15 t自卸汽车运输	18 t自卸汽车运输	20 t自卸汽车运输
名称	单位	代号	数量					
人工	工时	11010	5.00	5.00	5.00	5.00	5.00	5.00
零星材料费	%	11998	3.00	3.00	3.00	3.00	3.00	3.00
装载机 轮胎式 斗容2.0 m³	台时	01030	0.94	0.94	0.94	0.94	0.94	0.94
推土机 功率59 kW	台时	01042	0.47	0.47	0.47	0.47	0.47	0.47
自卸汽车 载重量8.0 t	台时	03013	13.37	—	—	—	—	—
自卸汽车 载重量10 t	台时	03015	—	11.75	—	—	—	—
自卸汽车 载重量12 t	台时	03016	—	—	10.51	—	—	—
自卸汽车 载重量15 t	台时	03017	—	—	—	8.57	—	—
自卸汽车 载重量18 t	台时	03018	—	—	—	—	7.58	—
自卸汽车 载重量20 t	台时	03019	—	—	—	—	—	7.02

工作内容:挖装、运输、卸除、空回。

适用范围:Ⅲ类土、露天作业。

单位:100 m³

定额编号			D010874	D010875	D010876	D010877	D010878	D010879
项目			增运/km					
			1					
			8.0 t自卸汽车运输	10 t自卸汽车运输	12 t自卸汽车运输	15 t自卸汽车运输	18 t自卸汽车运输	20 t自卸汽车运输
名称	单位	代号	数量					
自卸汽车 载重量8.0 t	台时	03013	1.46	—	—	—	—	—
自卸汽车 载重量10 t	台时	03015	—	1.24	—	—	—	—
自卸汽车 载重量12 t	台时	03016	—	—	1.09	—	—	—
自卸汽车 载重量15 t	台时	03017	—	—	—	0.87	—	—
自卸汽车 载重量18 t	台时	03018	—	—	—	—	0.72	—
自卸汽车 载重量20 t	台时	03019	—	—	—	—	—	0.66

1-39　3.0 m³ 装载机挖装土自卸汽车运输

工作内容：挖装、运输、卸除、空回。
适用范围：Ⅲ类土、露天作业。

单位：100 m³

定额编号			D010880	D010881	D010882	D010883	D010884	D010885	D010886
项目			运距/km						
			1						
			12 t自卸汽车运输	15 t自卸汽车运输	18 t自卸汽车运输	20 t自卸汽车运输	25 t自卸汽车运输	27 t自卸汽车运输	32 t自卸汽车运输
名称	单位	代号	数量						
人工	工时	11010	3.50	3.50	3.50	3.50	3.50	3.50	3.50
零星材料费	%	11998	3.00	3.00	3.00	3.00	3.00	3.00	3.00
装载机 轮胎式 斗容3.0 m³	台时	01031	0.65	0.65	0.65	0.65	0.65	0.65	0.65
推土机 功率88 kW	台时	01044	0.33	0.33	0.33	0.33	0.33	0.33	0.33
自卸汽车 载重量12 t	台时	03016	5.16	—	—	—	—	—	—
自卸汽车 载重量15 t	台时	03017	—	4.15	—	—	—	—	—
自卸汽车 载重量18 t	台时	03018	—	—	3.84	—	—	—	—
自卸汽车 载重量20 t	台时	03019	—	—	—	3.55	—	—	—
自卸汽车 载重量25 t	台时	03020	—	—	—	—	3.03	—	—
自卸汽车 载重量27 t	台时	03021	—	—	—	—	—	2.84	—
自卸汽车 载重量32 t	台时	03022	—	—	—	—	—	—	2.49

工作内容：挖装、运输、卸除、空回。
适用范围：Ⅲ类土、露天作业。

单位：100 m³

定额编号			D010887	D010888	D010889	D010890	D010891	D010892	D010893
项目			运距/km						
			2						
			12 t自卸汽车运输	15 t自卸汽车运输	18 t自卸汽车运输	20 t自卸汽车运输	25 t自卸汽车运输	27 t自卸汽车运输	32 t自卸汽车运输
名称	单位	代号	数量						
人工	工时	11010	3.50	3.50	3.50	3.50	3.50	3.50	3.50
零星材料费	%	11998	3.00	3.00	3.00	3.00	3.00	3.00	3.00
装载机 轮胎式 斗容3.0 m³	台时	01031	0.65	0.65	0.65	0.65	0.65	0.65	0.65
推土机 功率88 kW	台时	01044	0.33	0.33	0.33	0.33	0.33	0.33	0.33
自卸汽车 载重量12 t	台时	03016	6.57	—	—	—	—	—	—
自卸汽车 载重量15 t	台时	03017	—	5.25	—	—	—	—	—
自卸汽车 载重量18 t	台时	03018	—	—	4.81	—	—	—	—
自卸汽车 载重量20 t	台时	03019	—	—	—	4.42	—	—	—
自卸汽车 载重量25 t	台时	03020	—	—	—	—	3.74	—	—
自卸汽车 载重量27 t	台时	03021	—	—	—	—	—	3.51	—
自卸汽车 载重量32 t	台时	03022	—	—	—	—	—	—	3.05

工作内容：挖装、运输、卸除、空回。

适用范围：Ⅲ类土、露天作业。

单位：100 m³

定额编号			D010894	D010895	D010896	D010897	D010898	D010899	D010900
项目			运距/km						
			3						
			12 t自卸汽车运输	15 t自卸汽车运输	18 t自卸汽车运输	20 t自卸汽车运输	25 t自卸汽车运输	27 t自卸汽车运输	32 t自卸汽车运输
名称	单位	代号	数量						
人工	工时	11010	3.50	3.50	3.50	3.50	3.50	3.50	3.50
零星材料费	%	11998	3.00	3.00	3.00	3.00	3.00	3.00	3.00
装载机 轮胎式 斗容3.0 m³	台时	01031	0.65	0.65	0.65	0.65	0.65	0.65	0.65
推土机 功率88 kW	台时	01044	0.33	0.33	0.33	0.33	0.33	0.33	0.33
自卸汽车 载重量12 t	台时	03016	7.87	—	—	—	—	—	—
自卸汽车 载重量15 t	台时	03017	—	6.31	—	—	—	—	—
自卸汽车 载重量18 t	台时	03018	—	—	5.69	—	—	—	—
自卸汽车 载重量20 t	台时	03019	—	—	—	5.23	—	—	—
自卸汽车 载重量25 t	台时	03020	—	—	—	—	4.39	—	—
自卸汽车 载重量27 t	台时	03021	—	—	—	—	—	4.12	—
自卸汽车 载重量32 t	台时	03022	—	—	—	—	—	—	3.53

工作内容：挖装、运输、卸除、空回。

适用范围：Ⅲ类土、露天作业。

单位：100 m³

定额编号			D010901	D010902	D010903	D010904	D010905	D010906	D010907
项目			运距/km						
			4						
			12 t自卸汽车运输	15 t自卸汽车运输	18 t自卸汽车运输	20 t自卸汽车运输	25 t自卸汽车运输	27 t自卸汽车运输	32 t自卸汽车运输
名称	单位	代号	数量						
人工	工时	11010	3.50	3.50	3.50	3.50	3.50	3.50	3.50
零星材料费	%	11998	3.00	3.00	3.00	3.00	3.00	3.00	3.00
装载机 轮胎式 斗容3.0 m³	台时	01031	0.65	0.65	0.65	0.65	0.65	0.65	0.65
推土机 功率88 kW	台时	01044	0.33	0.33	0.33	0.33	0.33	0.33	0.33
自卸汽车 载重量12 t	台时	03016	9.12	—	—	—	—	—	—
自卸汽车 载重量15 t	台时	03017	—	7.31	—	—	—	—	—
自卸汽车 载重量18 t	台时	03018	—	—	6.48	—	—	—	—
自卸汽车 载重量20 t	台时	03019	—	—	—	5.98	—	—	—
自卸汽车 载重量25 t	台时	03020	—	—	—	—	5.00	—	—
自卸汽车 载重量27 t	台时	03021	—	—	—	—	—	4.70	—
自卸汽车 载重量32 t	台时	03022	—	—	—	—	—	—	4.02

工作内容:挖装、运输、卸除、空回。

适用范围:Ⅲ类土、露天作业。

单位:100 m³

定额编号			D010908	D010909	D010910	D010911	D010912	D010913	D010914
项目			运距/km						
			5						
			12 t自卸汽车运输	15 t自卸汽车运输	18 t自卸汽车运输	20 t自卸汽车运输	25 t自卸汽车运输	27 t自卸汽车运输	32 t自卸汽车运输
名称	单位	代号	数量						
人工	工时	11010	3.50	3.50	3.50	3.50	3.50	3.50	3.50
零星材料费	％	11998	3.00	3.00	3.00	3.00	3.00	3.00	3.00
装载机 轮胎式 斗容3.0 m³	台时	01031	0.65	0.65	0.65	0.65	0.65	0.65	0.65
推土机 功率88 kW	台时	01044	0.33	0.33	0.33	0.33	0.33	0.33	0.33
自卸汽车 载重量12 t	台时	03016	10.34	—	—	—	—	—	—
自卸汽车 载重量15 t	台时	03017	—	8.20	—	—	—	—	—
自卸汽车 载重量18 t	台时	03018	—	—	7.25	—	—	—	—
自卸汽车 载重量20 t	台时	03019	—	—	—	6.69	—	—	—
自卸汽车 载重量25 t	台时	03020	—	—	—	—	5.56	—	—
自卸汽车 载重量27 t	台时	03021	—	—	—	—	—	5.27	—
自卸汽车 载重量32 t	台时	03022	—	—	—	—	—	—	4.45

工作内容:挖装、运输、卸除、空回。

适用范围:Ⅲ类土、露天作业。

单位:100 m³

定额编号			D010915	D010916	D010917	D010918	D010919	D010920	D010921
项目			增运/km						
			1						
			12 t自卸汽车运输	15 t自卸汽车运输	18 t自卸汽车运输	20 t自卸汽车运输	25 t自卸汽车运输	27 t自卸汽车运输	32 t自卸汽车运输
名称	单位	代号	数量						
自卸汽车 载重量12 t	台时	03016	1.08	—	—	—	—	—	—
自卸汽车 载重量15 t	台时	03017	—	0.87	—	—	—	—	—
自卸汽车 载重量18 t	台时	03018	—	—	0.72	—	—	—	—
自卸汽车 载重量20 t	台时	03019	—	—	—	0.66	—	—	—
自卸汽车 载重量25 t	台时	03020	—	—	—	—	0.54	—	—
自卸汽车 载重量27 t	台时	03021	—	—	—	—	—	0.51	—
自卸汽车 载重量32 t	台时	03022	—	—	—	—	—	—	0.41

1－40 0.6 m³ 液压反铲挖掘机挖渠道土方自卸汽车运输

工作内容:机械开挖,装汽车运土,人工配合挖保护层,胶轮车倒运土 50 m,修边、修底等。
适用范围:Ⅲ类土,上口宽小于 16 m 的土渠。

单位:100 m³

定额编号			D010922	D010923	D010924	D010925
项目			运距/km			
			1		2	
			3.5 t 自卸汽车运输	5.0 t 自卸汽车运输	3.5 t 自卸汽车运输	5.0 t 自卸汽车运输
名称	单位	代号	数量			
人工	工时	11010	42.70	42.70	42.70	42.70
零星材料费	％	11998	3.00	3.00	3.00	3.00
单斗挖掘机 液压 斗容0.6 m³	台时	01008	1.48	1.48	1.48	1.48
推土机 功率59 kW	台时	01042	0.74	0.74	0.74	0.74
自卸汽车 载重量3.5 t	台时	03011	15.11	—	19.67	—
自卸汽车 载重量5.0 t	台时	03012	—	10.29	—	13.34
胶轮车	台时	03074	9.38	9.38	9.38	9.38

工作内容:机械开挖,装汽车运土,人工配合挖保护层,胶轮车倒运土 50 m,修边、修底等。
适用范围:Ⅲ类土,上口宽小于 16 m 的土渠。

单位:100 m³

定额编号			D010926	D010927	D010928	D010929
项目			运距/km			
			3		4	
			3.5 t 自卸汽车运输	5.0 t 自卸汽车运输	3.5 t 自卸汽车运输	5.0 t 自卸汽车运输
名称	单位	代号	数量			
人工	工时	11010	42.70	42.70	42.70	42.70
零星材料费	％	11998	3.00	3.00	3.00	3.00
单斗挖掘机 液压 斗容0.6 m³	台时	01008	1.48	1.48	1.48	1.48
推土机 功率59 kW	台时	01042	0.74	0.74	0.74	0.74
自卸汽车 载重量3.5 t	台时	03011	24.11	—	28.09	—
自卸汽车 载重量5.0 t	台时	03012	—	16.10	—	18.84
胶轮车	台时	03074	9.38	9.38	9.38	9.38

工作内容：机械开挖，装汽车运土，人工配合挖保护层，胶轮车倒运土 50 m，修边、修底等。
适用范围：Ⅲ类土，上口宽小于 16 m 的土渠。

单位：100 m³

定额编号			D010930	D010931	D010932	D010933
项目			运距/km		增运/km	
			5		1	
			3.5 t自卸汽车运输	5.0 t自卸汽车运输	3.5 t自卸汽车运输	5.0 t自卸汽车运输
名称	单位	代号	数量			
人工	工时	11010	42.70	42.70	—	—
零星材料费	%	11998	3.00	3.00	—	—
单斗挖掘机 液压 斗容0.6 m³	台时	01008	1.48	1.48	—	—
推土机 功率59 kW	台时	01042	0.74	0.74	—	—
自卸汽车 载重量3.5 t	台时	03011	32.15	—	3.63	—
自卸汽车 载重量5.0 t	台时	03012	—	21.31	—	2.34
胶轮车	台时	03074	9.38	9.38	—	—

1－41　1.0 m³ 液压反铲挖掘机挖渠道土方自卸汽车运输

工作内容：机械开挖，装汽车运土，人工配合挖保护层，胶轮车倒运土 50 m，修边、修底等。
适用范围：Ⅲ类土，上口宽小于 16 m 的土渠。

单位：100 m³

定额编号			D010934	D010935	D010936	D010937	D010938	D010939
项目			运距/km					
			1			2		
			5.0 t自卸汽车运输	8.0 t自卸汽车运输	10 t自卸汽车运输	5.0 t自卸汽车运输	8.0 t自卸汽车运输	10 t自卸汽车运输
名称	单位	代号	数量					
人工	工时	11010	39.50	39.50	39.50	39.50	39.50	39.50
零星材料费	%	11998	3.00	3.00	3.00	3.00	3.00	3.00
单斗挖掘机 液压 斗容1.0 m³	台时	01009	1.00	1.00	1.00	1.00	1.00	1.00
推土机 功率59 kW	台时	01042	0.50	0.50	0.50	0.50	0.50	0.50
自卸汽车 载重量5.0 t	台时	03012	9.90	—	—	12.94	—	—
自卸汽车 载重量8.0 t	台时	03013	—	6.52	—	—	8.42	—
自卸汽车 载重量10 t	台时	03015	—	—	6.10	—	—	7.69
胶轮车	台时	03074	9.38	9.38	9.38	9.38	9.38	9.38

工作内容：机械开挖，装汽车运土，人工配合挖保护层，胶轮车倒运土 50 m，修边、修底等。

适用范围：Ⅲ类土，上口宽小于 16 m 的土渠。

单位：100 m³

项目			定额编号	D010940	D010941	D010942	D010943	D010944	D010945
				运距/km					
				3			4		
				5.0 t自卸汽车运输	8.0 t自卸汽车运输	10 t自卸汽车运输	5.0 t自卸汽车运输	8.0 t自卸汽车运输	10 t自卸汽车运输
名称	单位	代号		数量					
人工	工时	11010		39.50	39.50	39.50	39.50	39.50	39.50
零星材料费	%	11998		3.00	3.00	3.00	3.00	3.00	3.00
单斗挖掘机 液压 斗容 1.0 m³	台时	01009		1.00	1.00	1.00	1.00	1.00	1.00
推土机 功率 59 kW	台时	01042		0.50	0.50	0.50	0.50	0.50	0.50
自卸汽车 载重量 5.0 t	台时	03012		15.74	—	—	18.45	—	—
自卸汽车 载重量 8.0 t	台时	03013		—	10.16	—	—	11.89	—
自卸汽车 载重量 10 t	台时	03015		—	—	9.23	—	—	10.61
胶轮车	台时	03074		9.38	9.38	9.38	9.38	9.38	9.38

工作内容：机械开挖，装汽车运土，人工配合挖保护层，胶轮车倒运土 50 m，修边、修底等。

适用范围：Ⅲ类土，上口宽小于 16 m 的土渠。

单位：100 m³

项目			定额编号	D010946	D010947	D010948	D010949	D010950	D010951
				运距/km			增运/km		
				5			1		
				5.0 t自卸汽车运输	8.0 t自卸汽车运输	10 t自卸汽车运输	5.0 t自卸汽车运输	8.0 t自卸汽车运输	10 t自卸汽车运输
名称	单位	代号		数量					
人工	工时	11010		39.50	39.50	39.50	—	—	—
零星材料费	%	11998		3.00	3.00	3.00	—	—	—
单斗挖掘机 液压 斗容 1.0 m³	台时	01009		1.00	1.00	1.00	—	—	—
推土机 功率 59 kW	台时	01042		0.50	0.50	0.50	—	—	—
自卸汽车 载重量 5.0 t	台时	03012		20.91	—	—	2.35	—	—
自卸汽车 载重量 8.0 t	台时	03013		—	13.46	—	—	1.47	—
自卸汽车 载重量 10 t	台时	03015		—	—	11.99	—	—	1.23
胶轮车	台时	03074		9.38	9.38	9.38	—	—	—

1-42 2.0 m³ 液压反铲挖掘机挖渠道土方自卸汽车运输

工作内容:机械开挖,装汽车运土,人工配合挖保护层,胶轮车倒运土 50 m,修边、修底等。
适用范围:Ⅲ类土,上口宽小于 16 m 的土渠。

单位:100 m³

定额编号			D010952	D010953	D010954	D010955	D010956	D010957
项目			运距/km					
			1					
			8.0 t自卸汽车运输	10 t自卸汽车运输	12 t自卸汽车运输	15 t自卸汽车运输	18 t自卸汽车运输	20 t自卸汽车运输
名称	单位	代号	数量					
人工	工时	11010	37.10	37.10	37.10	37.10	37.10	37.10
零星材料费	％	11998	3.00	3.00	3.00	3.00	3.00	3.00
单斗挖掘机 液压 斗容2.0 m³	台时	01011	0.64	0.64	0.64	0.64	0.64	0.64
推土机 功率59 kW	台时	01042	0.32	0.32	0.32	0.32	0.32	0.32
自卸汽车 载重量8.0 t	台时	03013	6.15	—	—	—	—	—
自卸汽车 载重量10 t	台时	03015	—	5.61	—	—	—	—
自卸汽车 载重量12 t	台时	03016	—	—	5.08	—	—	—
自卸汽车 载重量15 t	台时	03017	—	—	—	4.17	—	—
自卸汽车 载重量18 t	台时	03018	—	—	—	—	3.83	—
自卸汽车 载重量20 t	台时	03019	—	—	—	—	—	3.55
胶轮车	台时	03074	9.38	9.38	9.38	9.38	9.38	9.38

工作内容:机械开挖,装汽车运土,人工配合挖保护层,胶轮车倒运土 50 m,修边、修底等。
适用范围:Ⅲ类土,上口宽小于 16 m 的土渠。

单位:100 m³

定额编号			D010958	D010959	D010960	D010961	D010962	D010963
项目			运距/km					
			2					
			8.0 t自卸汽车运输	10 t自卸汽车运输	12 t自卸汽车运输	15 t自卸汽车运输	18 t自卸汽车运输	20 t自卸汽车运输
名称	单位	代号	数量					
人工	工时	11010	37.10	37.10	37.10	37.10	37.10	37.10
零星材料费	％	11998	3.00	3.00	3.00	3.00	3.00	3.00
单斗挖掘机 液压 斗容2.0 m³	台时	01011	0.64	0.64	0.64	0.64	0.64	0.64
推土机 功率59 kW	台时	01042	0.32	0.32	0.32	0.32	0.32	0.32
自卸汽车 载重量8.0 t	台时	03013	8.09	—	—	—	—	—

续表

定额编号			D010958	D010959	D010960	D010961	D010962	D010963
项目			运距/km					
			2					
			8.0 t自卸汽车运输	10 t自卸汽车运输	12 t自卸汽车运输	15 t自卸汽车运输	18 t自卸汽车运输	20 t自卸汽车运输
名称	单位	代号	数量					
自卸汽车 载重量 10 t	台时	03015	—	7.25	—	—	—	—
自卸汽车 载重量 12 t	台时	03016	—	—	6.46	—	—	—
自卸汽车 载重量 15 t	台时	03017	—	—	—	5.35	—	—
自卸汽车 载重量 18 t	台时	03018	—	—	—	—	4.80	—
自卸汽车 载重量 20 t	台时	03019	—	—	—	—	—	4.42
胶轮车	台时	03074	9.38	9.38	9.38	9.38	9.38	9.38

工作内容:机械开挖,装汽车运土,人工配合挖保护层,胶轮车倒运土50 m,修边、修底等。

适用范围:Ⅲ类土,上口宽小于16 m的土渠。

单位:100 m³

定额编号			D010964	D010965	D010966	D010967	D010968	D010969
项目			运距/km					
			3					
			8.0 t自卸汽车运输	10 t自卸汽车运输	12 t自卸汽车运输	15 t自卸汽车运输	18 t自卸汽车运输	20 t自卸汽车运输
名称	单位	代号	数量					
人工	工时	11010	37.10	37.10	37.10	37.10	37.10	37.10
零星材料费	%	11998	3.00	3.00	3.00	3.00	3.00	3.00
单斗挖掘机 液压 斗容2.0 m³	台时	01011	0.64	0.64	0.64	0.64	0.64	0.64
推土机 功率59 kW	台时	01042	0.32	0.32	0.32	0.32	0.32	0.32
自卸汽车 载重量8.0 t	台时	03013	9.84	—	—	—	—	—
自卸汽车 载重量 10 t	台时	03015	—	8.67	—	—	—	—
自卸汽车 载重量 12 t	台时	03016	—	—	7.76	—	—	—
自卸汽车 载重量 15 t	台时	03017	—	—	—	6.35	—	—
自卸汽车 载重量 18 t	台时	03018	—	—	—	—	5.67	—
自卸汽车 载重量 20 t	台时	03019	—	—	—	—	—	5.21
胶轮车	台时	03074	9.38	9.38	9.38	9.38	9.38	9.38

工作内容：机械开挖，装汽车运土，人工配合挖保护层，胶轮车倒运土 50 m，修边、修底等。

适用范围：Ⅲ类土，上口宽小于 16 m 的土渠。

单位：100 m³

定额编号			D010970	D010971	D010972	D010973	D010974	D010975
项目			运距/km					
			4					
			8.0 t自卸汽车运输	10 t自卸汽车运输	12 t自卸汽车运输	15 t自卸汽车运输	18 t自卸汽车运输	20 t自卸汽车运输
名称	单位	代号	数量					
人工	工时	11010	37.10	37.10	37.10	37.10	37.10	37.10
零星材料费	％	11998	3.00	3.00	3.00	3.00	3.00	3.00
单斗挖掘机 液压 斗容2.0 m³	台时	01011	0.64	0.64	0.64	0.64	0.64	0.64
推土机 功率59 kW	台时	01042	0.32	0.32	0.32	0.32	0.32	0.32
自卸汽车 载重量8.0 t	台时	03013	11.50	—	—	—	—	—
自卸汽车 载重量10 t	台时	03015	—	10.14	—	—	—	—
自卸汽车 载重量12 t	台时	03016	—	—	9.02	—	—	—
自卸汽车 载重量15 t	台时	03017	—	—	—	7.35	—	—
自卸汽车 载重量18 t	台时	03018	—	—	—	—	6.47	—
自卸汽车 载重量20 t	台时	03019	—	—	—	—	—	5.96
胶轮车	台时	03074	9.38	9.38	9.38	9.38	9.38	9.38

工作内容：机械开挖，装汽车运土，人工配合挖保护层，胶轮车倒运土 50 m，修边、修底等。

适用范围：Ⅲ类土，上口宽小于 16 m 的土渠。

单位：100 m³

定额编号			D010976	D010977	D010978	D010979	D010980	D010981
项目			运距/km					
			5					
			8.0 t自卸汽车运输	10 t自卸汽车运输	12 t自卸汽车运输	15 t自卸汽车运输	18 t自卸汽车运输	20 t自卸汽车运输
名称	单位	代号	数量					
人工	工时	11010	37.10	37.10	37.10	37.10	37.10	37.10
零星材料费	％	11998	3.00	3.00	3.00	3.00	3.00	3.00
单斗挖掘机 液压 斗容2.0 m³	台时	01011	0.64	0.64	0.64	0.64	0.64	0.64
推土机 功率59 kW	台时	01042	0.32	0.32	0.32	0.32	0.32	0.32
自卸汽车 载重量8.0 t	台时	03013	13.10	—	—	—	—	—
自卸汽车 载重量10 t	台时	03015	—	11.41	—	—	—	—
自卸汽车 载重量12 t	台时	03016	—	—	10.21	—	—	—
自卸汽车 载重量15 t	台时	03017	—	—	—	8.26	—	—
自卸汽车 载重量18 t	台时	03018	—	—	—	—	7.22	—
自卸汽车 载重量20 t	台时	03019	—	—	—	—	—	6.68
胶轮车	台时	03074	9.38	9.38	9.38	9.38	9.38	9.38

工作内容：机械开挖，装汽车运土，人工配合挖保护层，胶轮车倒运土50 m，修边、修底等。
适用范围：Ⅲ类土，上口宽小于16 m的土渠。

单位：100 m³

定额编号			D010982	D010983	D010984	D010985	D010986	D010987
项目			增运/km					
			1					
			8.0 t自卸汽车运输	10 t自卸汽车运输	12 t自卸汽车运输	15 t自卸汽车运输	18 t自卸汽车运输	20 t自卸汽车运输
名称	单位	代号	数量					
自卸汽车 载重量8.0 t	台时	03013	1.46	—	—	—	—	—
自卸汽车 载重量10 t	台时	03015	—	1.23	—	—	—	—
自卸汽车 载重量12 t	台时	03016	—	—	1.08	—	—	—
自卸汽车 载重量15 t	台时	03017	—	—	—	0.87	—	—
自卸汽车 载重量18 t	台时	03018	—	—	—	—	0.72	—
自卸汽车 载重量20 t	台时	03019	—	—	—	—	—	0.66

1-43 土料翻晒

工作内容：犁土、耙碎、翻晒、拢堆集料。
适用范围：土料含水量大，在料场翻晒堆存。

单位：100 m³

定额编号			D010988
项目			机械施工
名称	单位	代号	数量
人工	工时	11010	32.50
零星材料费	%	11998	5.00
推土机 功率59 kW	台时	01042	1.91
拖拉机 履带式 功率55 kW	台时	01060	1.91
拖拉机 履带式 功率59 kW	台时	01061	0.96
缺口耙	台时	01133	1.91
犁 三铧	台时	01135	0.96

1-44 回填土石

工作内容:1. 松填不夯实,包括5 m以内取土(石渣)回填。
2. 夯填土,包括5 m内取土、倒土、平土、洒水、夯实(干密度1.6 g/cm³以下)。

单位:100 m³ 实方

定额编号			D010989	D010990	D010991	D010992	D010993
项目			土方回填		石方回填		黏土回填
			松填不夯实	机械夯实	松填不夯实	机械夯实	人工夯实
名称	单位	代号	数量				
人工	工时	11010	80.50	233.30	191.70	342.60	305.10
黏土	m³	23036	—	—	—	—	103.45
零星材料费	‰	11998	5.00	5.00	5.00	5.00	5.00
蛙式夯实机 功率2.8 kW	台时	01095	—	14.41	—	18.81	—

注1:黏土回填如需要在5 m以外取土,可根据本章相应定额计算黏土挖运费用。
注2:如取用黏土不需费用,则黏土零星材料费消耗量为0。

1-45 自行式凸块振动碾压实

工作内容:推平、刨毛、压实、削坡、洒水、补边夯、辅助工作。
适用范围:坝体、堤防土料,自行式凸块振动碾压实。

单位:100 m³ 实方

定额编号			D010994	D010995
项目			土料	
			干密度/g·cm⁻³	
			≤1.6	>1.6
名称	单位	代号	数量	
人工	工时	11010	20.40	21.30
零星材料费	‰	11998	10.00	10.00
推土机 功率74 kW	台时	01043	0.50	0.50
振动碾 凸块 重量13 t~14 t	台时	01084	0.79	1.00
刨毛机	台时	01094	0.50	0.50
蛙式夯实机 功率2.8 kW	台时	01095	1.00	1.00

1-46 羊角碾压实

工作内容：推平、刨毛、压实、削坡、洒水、补边夯、辅助工作。

适用范围：坝体、堤防土料，自行式凸块振动碾压实。

单位：100 m³ 实方

定额编号			D010996	D010997
项目			土料	
			干密度/g·cm⁻³	
			≤1.6	>1.6
名称	单位	代号	数量	
人工	工时	11010	24.60	27.00
零星材料费	％	11998	10.00	10.00
推土机 功率74 kW	台时	01043	0.50	0.50
拖拉机 履带式 功率59 kW	台时	01061	1.67	2.14
拖拉机 履带式 功率74 kW	台时	01062	1.19	1.54
羊脚碾 重量5 t～7 t	台时	01087	1.67	2.14
羊脚碾 重量8 t～12 t	台时	01088	1.19	1.54
刨毛机	台时	01094	0.50	0.50
蛙式夯实机 功率2.8 kW	台时	01095	1.00	1.00

1-47 轮胎碾压实

工作内容：推平、刨毛、压实、削坡、洒水、补边夯、辅助工作。

适用范围：堤防土料，拖拉机牵引轮胎碾压实。

单位：100 m³ 实方

定额编号			D010998	D010999
项目			土料	
			干密度/g·cm⁻³	
			≤1.6	>1.6
名称	单位	代号	数量	
人工	工时	11010	21.30	23.30
零星材料费	％	11998	10.00	10.00
推土机 功率74 kW	台时	01043	0.50	0.50
拖拉机 履带式 功率74 kW	台时	01062	0.99	1.38
轮胎碾 重量9 t～16 t	台时	01077	0.99	1.38
刨毛机	台时	01094	0.50	0.50
蛙式夯实机 功率2.8 kW	台时	01095	1.00	1.00

1-48 拖拉机压实

工作内容:推平、刨毛、压实、削坡、洒水、补边夯、辅助工作。
适用范围:堤防土料,履带式拖拉机碾压实。

单位:100 m³ 实方

定额编号			D011000	D011001
项目			土料	
			干密度/g·cm⁻³	
			≤1.6	>1.6
名称	单位	代号	数量	
人工	工时	11010	20.20	23.10
零星材料费	%	11998	10.00	10.00
推土机 功率74 kW	台时	01043	0.50	0.50
拖拉机 履带式 功率74 kW	台时	01062	1.89	2.43
刨毛机	台时	01094	0.50	0.50
蛙式夯实机 功率2.8 kW	台时	01095	1.01	1.00

1-49 土隧洞木支撑

工作内容:制作、安装、拆除。

单位:延长米

定额编号			D011002	D011003	D011004
项目			隧洞断面/m²		
			<5	5~10	10~20
名称	单位	代号	数量		
人工	工时	11010	13.40	17.00	21.10
原木	m³	24007	0.22	0.45	0.61
铁件	kg	22062	1.40	1.75	2.30
板枋材	m³	24001	0.80	1.18	1.63
其他材料费	%	11997	2.00	2.00	2.00
载重汽车 载重量5.0 t	台时	03004	0.30	0.48	0.60
胶轮车	台时	03074	1.27	1.92	2.71 |// 注:本定额原木、锯材是按一次使用量拟定的,编制预算时应按周转摊销和残值回收确定预算量。

1-50 人工清淤

工作内容:挖装、重运、卸除、空回、洗刷工具。
适用范围:用泥兜、水桶挑(抬)运输。

单位:100 m³

定额编号			D011005	D011006	D011007	D011008
项目			挖装运/m			增运50 m
			≤50	50～60	60～100	
名称	单位	代号	数量			
人工	工时	11010	479.30	563.30	667.50	132.00
零星材料费	%	11998	5.00	5.00	5.00	5.00

1-51 挖掘机挖淤泥、流砂

工作内容:安设挖掘机、堆放一边、移动挖掘机位置、清理工作面。
适用范围:挖掘机挖淤泥、流砂。

单位:100 m³

定额编号			D011009	D011010	D011011
项目			单斗挖掘机 液压 斗容/m³		
			0.6	1.0	2.0
名称	单位	代号	数量		
人工	工时	11010	8.2	8.2	8.2
零星材料费	%	11998	5.00	5.00	5.00
单斗挖掘机 液压 斗容0.6 m³	台时	01008	2.40	—	—
单斗挖掘机 液压 斗容1.0 m³	台时	01009	—	1.72	—
单斗挖掘机 液压 斗容2.0 m³	台时	01011	—	—	1.12

注:如需排水,排水费用另行计算。

1—52 0.6 m³ 挖掘机挖淤泥、流砂自卸汽车运输

工作内容:安设挖掘机、装车、运输、卸除、空回。
适用范围:挖掘机挖淤泥、流砂。

单位:100 m³

项目			定额编号	D011012	D011013	D011014	D011015	D011016	D011017
				运距/km					
				1			2		
				5.0 t自卸汽车运输	8.0 t自卸汽车运输	10 t自卸汽车运输	5.0 t自卸汽车运输	8.0 t自卸汽车运输	10 t自卸汽车运输
名称	单位	代号		数量					
人工	工时	11010		10.80	10.80	10.80	10.80	10.80	10.80
零星材料费	%	11998		4.00	4.00	4.00	4.00	4.00	4.00
单斗挖掘机 液压 斗容0.6 m³	台时	01008		3.15	3.15	3.15	3.15	3.15	3.15
推土机 功率59 kW	台时	01042		0.68	0.68	0.68	0.68	0.68	0.68
自卸汽车 载重量5.0 t	台时	03012		11.35	—	—	14.87	—	—
自卸汽车 载重量8.0 t	台时	03013		—	7.51	—	—	9.70	—
自卸汽车 载重量10 t	台时	03015		—	—	6.99	—	—	8.85

注:如需排水,排水费用另行计算。

工作内容:安设挖掘机、装车、运输、卸除、空回。
适用范围:挖掘机挖淤泥、流砂。

单位:100 m³

项目			定额编号	D011018	D011019	D011020	D011021	D011022	D011023
				运距/km					
				3			4		
				5.0 t自卸汽车运输	8.0 t自卸汽车运输	10 t自卸汽车运输	5.0 t自卸汽车运输	8.0 t自卸汽车运输	10 t自卸汽车运输
名称	单位	代号		数量					
人工	工时	11010		10.80	10.80	10.80	10.80	10.80	10.80
零星材料费	%	11998		4.00	4.00	4.00	4.00	4.00	4.00
单斗挖掘机 液压 斗容0.6 m³	台时	01008		3.15	3.15	3.15	3.15	3.15	3.15
推土机 功率59 kW	台时	01042		0.68	0.68	0.68	0.68	0.68	0.68
自卸汽车 载重量5.0 t	台时	03012		18.10	—	—	21.15	—	—
自卸汽车 载重量8.0 t	台时	03013		—	11.73	—	—	13.63	—
自卸汽车 载重量10 t	台时	03015		—	—	10.55	—	—	12.17

注:如需排水,排水费用另行计算。

工作内容:安设挖掘机、装车、运输、卸除、空回。

适用范围:挖掘机挖淤泥、流砂。

单位:100 m³

定额编号			D011024	D011025	D011026	D011027	D011028	D011029
项目			运距/km			增运 km		
			5			1		
			5.0 t自卸汽车运输	8.0 t自卸汽车运输	10 t自卸汽车运输	5.0 t自卸汽车运输	8.0 t自卸汽车运输	10 t自卸汽车运输
名称	单位	代号	数量					
人工	工时	11010	10.80	10.80	10.80	—	—	—
零星材料费	%	11998	4.00	4.00	4.00	—	—	—
单斗挖掘机 液压 斗容0.6 m³	台时	01008	3.15	3.15	3.15	—	—	—
推土机 功率59 kW	台时	01042	0.68	0.68	0.68	—	—	—
自卸汽车 载重量5.0 t	台时	03012	24.07	—	—	2.45	—	—
自卸汽车 载重量8.0 t	台时	03013	—	15.46	—	—	1.53	—
自卸汽车 载重量10 t	台时	03015	—	—	13.85	—	—	1.29

注:如需排水,排水费用另行计算。

1-53 1.0 m³ 挖掘机挖淤泥、流砂自卸汽车运输

工作内容:安设挖掘机、装车、运输、卸除、空回。

适用范围:挖掘机挖淤泥、流砂。

单位:100 m³

定额编号			D011030	D011031	D011032	D011033	D011034	D011035
项目			运距/km					
			1			2		
			5.0 t自卸汽车运输	8.0 t自卸汽车运输	10 t自卸汽车运输	5.0 t自卸汽车运输	8.0 t自卸汽车运输	10 t自卸汽车运输
名称	单位	代号	数量					
人工	工时	11010	8.70	8.70	8.70	8.70	8.70	8.70
零星材料费	%	11998	4.00	4.00	4.00	4.00	4.00	4.00
单斗挖掘机 液压 斗容1.0 m³	台时	01009	1.06	1.06	1.06	1.06	1.06	1.06
推土机 功率59 kW	台时	01042	0.53	0.53	0.53	0.53	0.53	0.53
自卸汽车 载重量5.0 t	台时	03012	10.42	—	—	13.64	—	—
自卸汽车 载重量8.0 t	台时	03013	—	6.89	—	—	8.90	—
自卸汽车 载重量10 t	台时	03015	—	—	6.41	—	—	8.12

注:如需排水,排水费用另行计算。

工作内容:安设挖掘机、装车、运输、卸除、空回。
适用范围:挖掘机挖淤泥、流砂。

单位:100 m³

定额编号			D011036	D011037	D011038	D011039	D011040	D011041
项目			运距/km					
			3			4		
			5.0 t自卸汽车运输	8.0 t自卸汽车运输	10 t自卸汽车运输	5.0 t自卸汽车运输	8.0 t自卸汽车运输	10 t自卸汽车运输
名称	单位	代号	数量					
人工	工时	11010	8.70	8.70	8.70	8.70	8.70	8.70
零星材料费	%	11998	4.00	4.00	4.00	4.00	4.00	4.00
单斗挖掘机 液压 斗容1.0 m³	台时	01009	1.06	1.06	1.06	1.06	1.06	1.06
推土机 功率59 kW	台时	01042	0.53	0.53	0.53	0.53	0.53	0.53
自卸汽车 载重量5.0 t	台时	03012	16.61	—	—	19.41	—	—
自卸汽车 载重量8.0 t	台时	03013	—	10.76	—	—	12.51	—
自卸汽车 载重量10 t	台时	03015	—	—	9.69	—	—	11.17

注:如需排水,排水费用另行计算。

工作内容:安设挖掘机、装车、运输、卸除、空回。
适用范围:挖掘机挖淤泥、流砂。

单位:100 m³

定额编号			D011042	D011043	D011044	D011045	D011046	D011047
项目			运距/km			增运/km		
			5			1		
			5.0 t自卸汽车运输	8.0 t自卸汽车运输	10 t自卸汽车运输	5.0 t自卸汽车运输	8.0 t自卸汽车运输	10 t自卸汽车运输
名称	单位	代号	数量					
人工	工时	11010	8.70	8.70	8.70	—	—	—
零星材料费	%	11998	4.00	4.00	4.00	—	—	—
单斗挖掘机 液压 斗容1.0 m³	台时	01009	1.06	1.06	1.06	—	—	—
推土机 功率59 kW	台时	01042	0.53	0.53	0.53	—	—	—
自卸汽车 载重量5.0 t	台时	03012	22.09	—	—	2.45	—	—
自卸汽车 载重量8.0 t	台时	03013	—	14.18	—	—	1.53	—
自卸汽车 载重量10 t	台时	03015	—	—	12.59	—	—	1.29

注:如需排水,排水费用另行计算。

1-54 2.0 m³ 挖掘机挖淤泥、流砂自卸汽车运输

工作内容:安设挖掘机、装车、运输、卸除、空回。

适用范围:挖掘机挖淤泥、流砂。

单位:100 m³

定额编号			D011048	D011049	D011050	D011051	D011052	D011053
项目			运距/km					
			1					
			8.0 t自卸汽车运输	10 t自卸汽车运输	12 t自卸汽车运输	15 t自卸汽车运输	18 t自卸汽车运输	20 t自卸汽车运输
名称	单位	代号	数量					
人工	工时	11010	6.40	6.40	6.40	6.40	6.40	6.40
零星材料费	‰	11998	4.00	4.00	4.00	4.00	4.00	4.00
单斗挖掘机 液压 斗容2.0 m³	台时	01011	0.69	0.69	0.69	0.69	0.69	0.69
推土机 功率59 kW	台时	01042	0.35	0.35	0.35	0.35	0.35	0.35
自卸汽车 载重量8.0 t	台时	03013	6.60	—	—	—	—	—
自卸汽车 载重量10 t	台时	03015	—	6.02	—	—	—	—
自卸汽车 载重量12 t	台时	03016	—	—	5.45	—	—	—
自卸汽车 载重量15 t	台时	03017	—	—	—	4.50	—	—
自卸汽车 载重量18 t	台时	03018	—	—	—	—	4.13	—
自卸汽车 载重量20 t	台时	03019	—	—	—	—	—	3.81

注:如需排水,排水费用另行计算。

工作内容:安设挖掘机、装车、运输、卸除、空回。

适用范围:挖掘机挖淤泥、流砂。

单位:100 m³

定额编号			D011054	D011055	D011056	D011057	D011058	D011059
项目			运距/km					
			2					
			8.0 t自卸汽车运输	10 t自卸汽车运输	12 t自卸汽车运输	15 t自卸汽车运输	18 t自卸汽车运输	20 t自卸汽车运输
名称	单位	代号	数量					
人工	工时	11010	6.40	6.40	6.40	6.40	6.40	6.40
零星材料费	‰	11998	4.00	4.00	4.00	4.00	4.00	4.00
单斗挖掘机 液压 斗容2.0 m³	台时	01011	0.69	0.69	0.69	0.69	0.69	0.69
推土机 功率59 kW	台时	01042	0.35	0.35	0.35	0.35	0.35	0.35
自卸汽车 载重量8.0 t	台时	03013	8.66	—	—	—	—	—
自卸汽车 载重量10 t	台时	03015	—	7.77	—	—	—	—
自卸汽车 载重量12 t	台时	03016	—	—	6.98	—	—	—
自卸汽车 载重量15 t	台时	03017	—	—	—	5.72	—	—
自卸汽车 载重量18 t	台时	03018	—	—	—	—	5.14	—
自卸汽车 载重量20 t	台时	03019	—	—	—	—	—	4.74

注:如需排水,排水费用另行计算。

工作内容：安设挖掘机、装车、运输、卸除、空回。

适用范围：挖掘机挖淤泥、流砂。

单位：100 m³

定额编号			D011060	D011061	D011062	D011063	D011064	D011065
项目			运距/km					
			3					
			8.0 t自卸汽车运输	10 t自卸汽车运输	12 t自卸汽车运输	15 t自卸汽车运输	18 t自卸汽车运输	20 t自卸汽车运输
名称	单位	代号	数量					
人工	工时	11010	6.40	6.40	6.40	6.40	6.40	6.40
零星材料费	％	11998	4.00	4.00	4.00	4.00	4.00	4.00
单斗挖掘机 液压 斗容2.0 m³	台时	01011	0.69	0.69	0.69	0.69	0.69	0.69
推土机 功率59 kW	台时	01042	0.35	0.35	0.35	0.35	0.35	0.35
自卸汽车 载重量8.0 t	台时	03013	10.55	—	—	—	—	—
自卸汽车 载重量10 t	台时	03015	—	9.36	—	—	—	—
自卸汽车 载重量12 t	台时	03016	—	—	8.37	—	—	—
自卸汽车 载重量15 t	台时	03017	—	—	—	6.85	—	—
自卸汽车 载重量18 t	台时	03018	—	—	—	—	6.08	—
自卸汽车 载重量20 t	台时	03019	—	—	—	—	—	5.61

注：注：如需排水，排水费用另行计算。

工作内容：安设挖掘机、装车、运输、卸除、空回。

适用范围：挖掘机挖淤泥、流砂。

单位：100 m³

定额编号			D011066	D011067	D011068	D011069	D011070	D011071
项目			运距/km					
			4					
			8.0 t自卸汽车运输	10 t自卸汽车运输	12 t自卸汽车运输	15 t自卸汽车运输	18 t自卸汽车运输	20 t自卸汽车运输
名称	单位	代号	数量					
人工	工时	11010	6.40	6.40	6.40	6.40	6.40	6.40
零星材料费	％	11998	4.00	4.00	4.00	4.00	4.00	4.00
单斗挖掘机 液压 斗容2.0 m³	台时	01011	0.69	0.69	0.69	0.69	0.69	0.69
推土机 功率59 kW	台时	01042	0.35	0.35	0.35	0.35	0.35	0.35
自卸汽车 载重量8.0 t	台时	03013	12.33	—	—	—	—	—
自卸汽车 载重量10 t	台时	03015	—	10.88	—	—	—	—
自卸汽车 载重量12 t	台时	03016	—	—	9.70	—	—	—
自卸汽车 载重量15 t	台时	03017	—	—	—	7.89	—	—
自卸汽车 载重量18 t	台时	03018	—	—	—	—	6.96	—
自卸汽车 载重量20 t	台时	03019	—	—	—	—	—	6.42

注：如需排水，排水费用另行计算。

工作内容：安设挖掘机、装车、运输、卸除、空回。

适用范围：挖掘机挖淤泥、流砂。

单位：100 m³

定额编号			D011072	D011073	D011074	D011075	D011076	D011077
项目			运距/km					
			5					
			8.0 t自卸汽车运输	10 t自卸汽车运输	12 t自卸汽车运输	15 t自卸汽车运输	18 t自卸汽车运输	20 t自卸汽车运输
名称	单位	代号	数量					
人工	工时	11010	6.40	6.40	6.40	6.40	6.40	6.40
零星材料费	％	11998	4.00	4.00	4.00	4.00	4.00	4.00
单斗挖掘机 液压 斗容2.0 m³	台时	01011	0.69	0.69	0.69	0.69	0.69	0.69
推土机 功率59 kW	台时	01042	0.35	0.35	0.35	0.35	0.35	0.35
自卸汽车 载重量8.0 t	台时	03013	14.04	—	—	—	—	—
自卸汽车 载重量10 t	台时	03015	—	12.31	—	—	—	—
自卸汽车 载重量12 t	台时	03016	—	—	10.96	—	—	—
自卸汽车 载重量15 t	台时	03017	—	—	—	8.91	—	—
自卸汽车 载重量18 t	台时	03018	—	—	—	—	7.80	—
自卸汽车 载重量20 t	台时	03019	—	—	—	—	—	7.20

注：如需排水，排水费用另行计算。

工作内容：安设挖掘机、装车、运输、卸除、空回。

适用范围：挖掘机挖淤泥、流砂。

单位：100 m³

定额编号			D011078	D011079	D011080	D011081	D011082	D011083
项目			增运/km					
			1					
			8.0 t自卸汽车运输	10 t自卸汽车运输	12 t自卸汽车运输	15 t自卸汽车运输	18 t自卸汽车运输	20 t自卸汽车运输
名称	单位	代号	数量					
自卸汽车 载重量8.0 t	台时	03013	1.53	—	—	—	—	—
自卸汽车 载重量10 t	台时	03015	—	1.29	—	—	—	—
自卸汽车 载重量12 t	台时	03016	—	—	1.13	—	—	—
自卸汽车 载重量15 t	台时	03017	—	—	—	0.90	—	—
自卸汽车 载重量18 t	台时	03018	—	—	—	—	0.76	—
自卸汽车 载重量20 t	台时	03019	—	—	—	—	—	0.69

注：如需排水，排水费用另行计算。

2 石方工程

说 明

一、本章包括一般石方、保护层、沟槽、坑挖、平洞、斜井、竖井、预裂爆破等石方开挖和石渣运输定额共48节。

二、本章计量单位，除注明外，均按自然方计。

三、一般石方开挖定额，适用于一般明挖石方工程：底宽超过7 m的沟槽，上口大于160 m²的石方。坑挖工程：倾角小于或等于20°，开挖厚度大于5 m（垂直于设计面的平均厚度）的坡面石方开挖。

四、一般坡面石方开挖定额，适用于设计倾角大于20°和厚度5 m以内的石方开挖。

五、保护层石方开挖定额，适用于设计规定不允许破坏岩层结构的石方开挖工程，如河床坝基、两岸坝基、廊道等工程连接岩基部分，厚度按设计规定计算。

六、沟槽石方开挖定额，适用于底宽小于或等于7 m、两侧垂直或有边坡的长条形石方开挖工程，如渠道、截水槽、排水沟、地槽等。底宽超过7 m的按一般石方开挖定额计算，有保护层的，按一般石方和保护层比例综合计算。

七、坡面沟槽石方开挖定额，适用于槽底轴线与水平夹角大于20°的沟槽石方开挖工程。

八、坑石方开挖定额适用于上口面积小于或等于160 m²、深度小于或等于上口短边长度或直径的工程，如积水坑、墩基、柱基、机座、混凝土基坑等。上口面积大于160 m²的坑挖工程按一般石方开挖定额计算，有保护层的，按一般石方和保护层比例综合计算。

九、平洞石方开挖定额，适用于洞轴线与水平夹角小于或等于6°的洞挖工程。

十、斜井石方开挖定额，适用于水平夹角为45°~75°的井挖工程。水平夹角6°~45°的斜井，按斜井石方开挖定额乘以0.9的系数计算。

十一、竖井石方开挖定额，适用于水平夹角大于75°，上口面积大于5 m²，深度大于上口短边长度或直径的石方开挖工程。

十二、洞、井石方开挖定额中各子目标示的断面积系指设计开挖断面积，不包括超挖部分。规范允许超挖部分的工程量，应执行本章2-28、2-29节超挖定额。

十三、平洞、斜井、竖井、地下厂房石方开挖已考虑光面爆破。

十四、石方洞（井）开挖中通风机台时量系按一个工作面长400 m拟定。如超过400 m，按表2-1通风系数表计算。

十五、挖掘机或装载机装石渣、自卸汽车运输定额露天与洞内的区分，按挖掘机或装载机装车地点确定。

十六、预裂爆破、防震孔、插筋孔均适于露天施工，若为地下工程，定额中人工、机械应乘以1.15的系数。

十七、当岩石级别大于ⅩⅣ级时,可按相应条章节ⅩⅢ～ⅩⅣ级岩石的定额乘以表2-2的调整系数计算。

十八、挖掘机、装载机挖装石方自卸汽车运输定额,系按挖装自然方拟定。如挖装松石方、沟道卵石时,其中人工及挖装、运输机械乘以0.76的系数。

十九、工程量计算规则如下。

1. 按设计图示轮廓尺寸范围以内的有效自然方体积计算。

2. 开挖需要放坡时应根据设计图或施工组织设计规定放坡,并计算相应自然方体积。如设计图和施工组织设计无规定时,倒坡按照工程实体底部边界线垂直开挖,其他坡度按工程实体与石方接触面计算开挖方量。

3. 开挖需要工作面时应根据设计图或施工组织设计规定计算。如设计图或施工组织设计无规定,则按相关规范确定。

4. 预裂爆破工程量按设计图示尺寸计算的面积计算。

表2-1 通风系数表

隧洞工作面长/m	系数	隧洞工作面长/m	系数
400	1.00	1 300	2.15
500	1.20	1 400	2.29
600	1.33	1 500	2.40
700	1.43	1 600	2.50
800	1.50	1 700	2.65
900	1.67	1 800	2.78
1 000	1.80	1 900	2.90
1 100	1.91	2 000	3.00
1 200	2.00	—	—

表2-2 调整系数

项目	人工	零星材料费	机械
风钻为主各节定额	1.3	1.1	1.4
潜孔钻为主各节定额	1.2	1.1	1.3
液压钻、多臂钻为主各节定额	1.15	1.1	1.15

2-1 坡面基岩面整修

工作内容:撬挖、凿毛、最后修规、清底等。

适用范围:在坡面有格构梁、护坡等治理措施的情况下进行的边坡坡面基岩面最后修规,控制平均厚度在 10 cm 以下。

单位:100 m²

定额编号			D020001	D020002	D020003	D020004
项目			岩石级别			
			Ⅴ～Ⅷ	Ⅸ～Ⅹ	Ⅺ～Ⅻ	ⅩⅢ～ⅩⅣ
名称	单位	代号	数量			
人工	工时	11010	262.80	349.80	431.70	518.60
零星材料费	％	11998	10.00	10.00	10.00	10.00

2-2 人工清除危岩

工作内容:撬移、解小、翻渣。

单位:100 m³

定额编号			D020005	D020006	D020007	D020008
项目			岩石级别			
			Ⅴ～Ⅷ	Ⅸ～Ⅹ	Ⅺ～Ⅻ	ⅩⅢ～ⅩⅣ
名称	单位	代号	数量			
人工	工时	11010	1 792.10	2 354.10	3 045.90	4 142.60
零星材料费	％	11998	10.00	10.00	10.00	10.00

2-3 开挖石方(静态爆破)

工作内容:钻孔、爆破、撬移、解小、翻渣、清面、修整断面。
适用范围:适用于有保护对象,不能采用爆破施工的部位。

单位:100 m³

定额编号			D020009	D020010	D020011	D020012
项目			岩石级别			
			Ⅴ～Ⅷ	Ⅸ～Ⅹ	Ⅺ～Ⅻ	ⅩⅢ～ⅩⅣ
名称	单位	代号	数量			
人工	工时	11010	817.60	1 107.50	1 418.00	1 889.20
静爆剂	kg	30012	255.43	307.07	411.16	514.41
导火线	m	43003	995.74	1 257.74	1 456.79	1 630.29
火雷管	个	43007	696.11	877.30	1 017.83	1 150.00
合金钻头	个	22019	10.28	16.69	23.90	33.30
其他材料费	%	11997	5.00	5.00	5.00	5.00
风镐(铲)手持式	台时	01098	47.97	77.50	117.40	184.28
其他机械费	%	11999	10.00	10.00	10.00	10.00

2-4 机械破碎石方(挖掘机破碎)

工作内容:破碎、撬移、解小、翻渣、清面。
适用范围:适用于有保护对象,不能采用爆破施工的部位。

单位:100 m³

定额编号			D020013	D020014	D020015
项目			单斗挖掘机 液压 0.6 m³	单斗挖掘机 液压 1.0 m³	单斗挖掘机 液压 1.6 m³
名称	单位	代号	数量		
人工	工时	11010	12.50	12.50	12.50
零星材料费	%	11998	5.00	5.00	5.00
单斗挖掘机 液压 斗容0.6 m³	台时	01008	48.55	—	—
单斗挖掘机 液压 斗容1.0 m³	台时	01009	—	35.09	—
单斗挖掘机 液压 斗容1.6 m³	台时	01010	—	—	25.31

2-5 机械破碎石方(风镐破碎)

工作内容:破碎、撬移、解小、翻渣、清面。
适用范围:适用于有保护对象,不能采用爆破施工的部位。

单位:100 m³

定额编号			D020016	D020017	D020018	D020019
项目			岩石级别			
			Ⅴ～Ⅷ	Ⅸ～Ⅹ	Ⅺ～Ⅻ	ⅩⅢ～ⅩⅣ
名称	单位	代号	数量			
人工	工时	11010	176.50	234.60	319.80	457.70
零星材料费	%	11998	3.00	3.00	3.00	3.00
风镐(铲)手持式	台时	01098	40.52	54.02	73.72	105.06

2-6 漂(孤)石爆破分解

工作内容:凿槽、布孔、钻孔、拌制、装药、保温、胀裂、静爆、风镐解小、破除、翻渣、清面、修断面。

单位:100 m³

定额编号			D020020	D020021	D020022	D020023
项目			岩石级别			
			Ⅴ～Ⅷ	Ⅸ～Ⅹ	Ⅺ～Ⅻ	ⅩⅢ～ⅩⅣ
名称	单位	代号	数量			
人工	工时	11010	820.50	1 097.20	1 418.80	1 875.80
炸药	kg	43015	160.05	202.96	234.80	263.45
导火线	m	43003	989.75	1 251.50	1 446.87	1 637.17
火雷管	个	43007	697.11	881.33	1 011.16	1 146.96
合金钻头	个	22019	10.28	16.75	23.69	33.29
其他材料费	%	11997	3.00	3.00	3.00	3.00
风钻 手持式	台时	01096	47.84	78.07	118.04	184.43
其他机械费	%	11999	10.00	10.00	10.00	10.00

2-7 水磨钻开挖石方

工作内容:测量放样、钻孔、取芯、凿残岩、提升。

适用范围:适用于有保护对象影响,不能采用爆破施工的人工挖孔桩。

单位:100 m³

定额编号			D020024	D020025	D020026	D020027
项目			水磨钻石方开挖—水磨钻钻孔			
			岩石级别			
			Ⅴ～Ⅷ	Ⅸ～Ⅹ	Ⅺ～Ⅻ	ⅩⅢ～ⅩⅣ
名称	单位	代号	数量			
人工	工时	11010	14.17	14.95	15.73	16.38
合金刀片	kg	43006	0.15	0.16	0.17	0.17
水	m³	43013	3.00	3.17	3.32	3.45
其他材料费	%	11997	1.00	1.00	1.00	1.00
转盘钻孔机≤15 kN·m	台时	01144	1.30	2.63	2.74	2.89
卷扬机单筒快速 起重量3 t	台时	04148	5.46	5.72	5.99	6.25
空压机 电动 移动式 排气量3.0 m³/min	台时	08009	0.40	0.33	0.43	0.46
其他机械费	%	11999	1.00	1.00	1.00	1.00

注:如果除人工挖孔桩外的其他部位使用,则取消定额中的卷扬机,人工和机械消耗量分别乘以0.7的系数。

2-8 石方坡面运输

工作内容:撬移、解小、清渣、装车、运输、卸除、空回、平场等。

单位:100 m³

定额编号			D020028	D020029	D020030	D020031	D020032
项目			10 t卷扬机				
			人工装石渣 卷扬机牵引斗车运输 坡度≤10°				
			运距/m				增运/m
			50	100	150	200	50
名称	单位	代号	数量				
人工	工时	11010	446.30	446.30	446.30	446.30	—
零星材料费	%	11998	10.00	10.00	10.00	10.00	—
V形斗车 窄轨 容积0.6 m³	台时	03123	73.16	105.05	136.30	272.39	31.69
卷扬机 双筒慢速 起重量10 t	台时	04152	5.56	7.98	10.41	12.81	2.40

工作内容:撬移、解小、清渣、装车、运输、卸除、空回、平场等。

单位:100 m³

定额编号			D020033	D020034	D020035	D020036	D020037
项目			15 t 卷扬机				
			人工装石渣 卷扬机牵引斗车运输 坡度≤10°				
			运距/m				增运/m
			50	100	150	200	50
名称	单位	代号	数量				
人工	工时	11010	446.30	446.30	446.30	446.30	—
零星材料费	%	11998	10.00	10.00	10.00	10.00	—
V形斗车 窄轨 容积0.6 m³	台时	03123	73.43	104.87	136.24	273.62	31.84
卷扬机 双筒慢速 起重量 15 t	台时	04160	3.72	5.27	6.87	8.40	1.56

工作内容:撬移、解小、清渣、装车、运输、卸除、空回、平场等。

单位:100 m³

定额编号			D020038	D020039	D020040	D020041	D020042
项目			10 t 卷扬机				
			人工装石渣 卷扬机牵引斗车运输 坡度10°~20°				
			运距/m				增运/m
			50	100	150	200	50
名称	单位	代号	数量				
人工	工时	11010	456.50	456.50	456.50	456.50	—
零星材料费	%	11998	10.00	10.00	10.00	10.00	—
V形斗车 窄轨 容积0.6 m³	台时	03123	88.46	127.76	167.87	207.11	39.12
卷扬机 双筒慢速 起重量 10 t	台时	04152	6.76	9.64	12.62	15.44	2.90

工作内容:撬移、解小、清渣、装车、运输、卸除、空回、平场等。

单位:100 m³

定额编号			D020043	D020044	D020045	D020046	D020047
项目			15 t卷扬机				
			人工装石渣 卷扬机牵引斗车运输 坡度10°～20°				
			运距/m				增运/m
			50	100	150	200	50
名称	单位	代号	数量				
人工	工时	11010	456.50	456.50	456.50	456.50	—
零星材料费	%	11998	10.00	10.00	10.00	10.00	—
V形斗车 窄轨 容积0.6 m³	台时	03123	89.12	128.26	167.41	206.35	39.40
卷扬机 双筒 起重量15 t	台时	04160	4.54	6.50	8.42	10.35	1.94

工作内容:撬移、解小、清渣、装车、运输、卸除、空回、平场等。

单位:100 m³

定额编号			D020048	D020049	D020050	D020051	D020052
项目			10 t卷扬机				
			人工装石渣 卷扬机牵引斗车运输 坡度20°～30°				
			运距/m				增运/m
			50	100	150	200	50
名称	单位	代号	数量				
人工	工时	11010	465.40	465.40	465.40	465.40	—
零星材料费	%	11998	10.00	10.00	10.00	10.00	—
V形斗车 窄轨 容积0.6 m³	台时	03123	101.79	145.37	190.10	234.04	44.04
卷扬机 双筒慢速 起重量10 t	台时	04152	7.69	11.07	14.47	17.75	3.27

工作内容：撬移、解小、清渣、装车、运输、卸除、空回、平场等。

单位：100 m³

定额编号			D020053	D020054	D020055	D020056	D020057
项目			15 t卷扬机				
			人工装石渣 卷扬机牵引斗车运输 坡度20°～30°				
			运距/m				增运/m
			50	100	150	200	50
名称	单位	代号	数量				
人工	工时	11010	465.40	465.40	465.40	465.40	—
零星材料费	%	11998	10.00	10.00	10.00	10.00	—
V形斗车 窄轨 容积0.6 m³	台时	03123	101.61	145.52	190.38	234.00	44.22
卷扬机 双筒 起重量15 t	台时	04160	5.07	7.39	9.65	11.93	2.29

工作内容：撬移、解小、清渣、装车、运输、卸除、空回、平场等。

单位：100 m³

定额编号			D020058	D020059	D020060	D020061	D020062
项目			10 t卷扬机				
			人工装石渣 卷扬机牵引斗车运输 坡度30°～45°				
			运距/m				增运/m
			50	100	150	200	50
名称	单位	代号	数量				
人工	工时	11010	478.80	478.80	478.80	478.80	—
零星材料费	%	11998	10.00	10.00	10.00	10.00	—
V形斗车 窄轨 容积0.6 m³	台时	03123	118.15	168.85	220.57	271.45	51.29
卷扬机 双筒慢速 起重量10 t	台时	04152	9.07	12.89	16.74	20.55	3.86

工作内容：撬移、解小、清渣、装车、运输、卸除、空回、平场等。

单位：100 m³

定额编号			D020063	D020064	D020065	D020066	D020067
项目			15 t卷扬机				
			人工装石渣 卷扬机牵引斗车运输 坡度30°～45°				
			运距/m				增运/m
			50	100	150	200	50
名称	单位	代号	数量				
人工	工时	11010	478.80	478.80	478.80	478.80	—
零星材料费	%	11998	10.00	10.00	10.00	10.00	—
V形斗车 窄轨 容积0.6 m³	台时	03123	117.85	170.24	221.51	272.10	51.46
卷扬机 双筒 起重量15 t	台时	04160	5.98	8.65	11.26	13.94	2.64

2-9 一般石方开挖——风钻钻孔

工作内容：钻孔、爆破、撬移、解小、翻渣、清面。

单位：100 m³

定额编号			D020068	D020069	D020070	D020071
项目			岩石级别			
			Ⅴ～Ⅷ	Ⅸ～Ⅹ	Ⅺ～Ⅻ	ⅩⅢ～ⅩⅣ
名称	单位	代号	数量			
人工	工时	11010	70.40	89.70	113.60	151.80
炸药	kg	43015	27.02	34.07	40.33	52.04
导爆管	m	43001	85.59	110.00	139.33	200.42
导电线	m	38001	115.36	130.01	146.02	174.39
电雷管	个	43004	4.85	5.24	5.65	6.39
非电毫秒雷管	个	43005	20.52	26.38	33.55	48.47
合金钻头	个	22019	1.00	1.69	2.48	3.56
其他材料费	%	11997	18.00	18.00	18.00	18.00
风钻 手持式	台时	01096	4.38	7.93	13.06	22.10
其他机械费	%	11999	10.00	10.00	10.00	10.00

2-10 一般石方开挖——80型潜孔钻钻孔

工作内容:钻孔、爆破、撬移、解小、翻渣、清面。

单位:100 m³

定额编号				D020072	D020073	D020074	D020075	D020076	D020077
项目				孔深≤6 m				孔深6 m~9 m	
				岩石级别					
				Ⅴ~Ⅷ	Ⅸ~Ⅹ	Ⅺ~Ⅻ	ⅩⅢ~ⅩⅣ	Ⅴ~Ⅷ	Ⅸ~Ⅹ
名称	单位	代号		数量					
人工	工时	11010		50.70	61.60	71.80	84.60	36.60	45.20
导爆索	m	43002		—	—	—	—	27.17	31.26
炸药	kg	43015		44.80	51.70	58.63	65.78	40.72	47.35
导爆管	m	43001		36.07	42.06	48.42	54.31	—	—
导电线	m	38001		64.64	71.42	80.36	90.76	46.42	51.38
电雷管	个	43004		6.41	7.04	7.79	8.52	8.20	9.62
非电毫秒雷管	个	43005		6.99	8.07	9.18	10.52	—	—
DH6冲击器	套	22001		0.03	0.04	0.06	0.09	0.02	0.04
合金钻头	个	22019		0.17	0.18	0.25	0.35	0.11	0.18
潜孔钻钻头80型	个	22039		0.28	0.43	0.61	0.85	0.23	0.35
其他材料费	%	11997		22.00	22.00	22.00	22.00	22.00	22.00
风钻 手持式	台时	01096		1.51	2.25	2.87	3.48	1.51	2.27
潜孔钻型号80型	台时	01099		4.03	5.78	7.97	11.22	3.33	4.85
其他机械费	%	11999		10.00	10.00	10.00	10.00	10.00	10.00

工作内容:钻孔、爆破、撬移、解小、翻渣、清面。

单位:100 m³

定额编号				D020078	D020079	D020080	D020081	D020082	D020083
项目				孔深6 m~9 m		孔深>9 m			
				岩石级别					
				Ⅺ~Ⅻ	ⅩⅢ~ⅩⅣ	Ⅴ~Ⅷ	Ⅸ~Ⅹ	Ⅺ~Ⅻ	ⅩⅢ~ⅩⅣ
名称	单位	代号		数量					
人工	工时	11010		53.80	64.70	27.30	34.60	42.10	50.60
导爆索	m	43002		35.31	40.05	23.12	26.19	30.07	35.04
炸药	kg	43015		53.46	60.10	37.28	43.48	48.61	54.71
导电线	m	38001		58.57	65.28	36.23	41.29	46.31	51.05

续表

定额编号			D020078	D020079	D020080	D020081	D020082	D020083
项目			孔深 6 m～9 m		孔深＞9 m			
			岩石级别					
			Ⅺ～Ⅻ	Ⅷ～ⅩⅣ	Ⅴ～Ⅷ	Ⅸ～Ⅹ	Ⅺ～Ⅻ	Ⅷ～ⅩⅣ
名称	单位	代号	数量					
电雷管	个	43004	11.18	13.01	6.28	7.31	8.51	9.96
DH6 冲击器	套	22001	0.05	0.07	0.02	0.03	0.04	0.06
合金钻头	个	22019	0.25	0.35	0.11	0.18	0.25	0.35
潜孔钻钻头 80 型	个	22039	0.50	0.71	0.19	0.30	0.42	0.59
其他材料费	%	11997	22.00	22.00	22.00	22.00	22.00	22.00
风钻 手持式	台时	01096	2.87	3.48	1.50	2.27	2.88	3.45
潜孔钻型号 80 型	台时	01099	6.72	9.50	2.76	4.06	5.68	8.04
其他机械费	%	11999	10.00	10.00	10.00	10.00	10.00	10.00

2-11 一般石方开挖——100 型潜孔钻钻孔

工作内容：钻孔、爆破、撬移、解小、翻渣、清面。

单位：100 m³

定额编号			D020084	D020085	D020086	D020087	D020088	D020089
项目			孔深≤6 m				孔深 6 m～9 m	
			岩石级别					
			Ⅴ～Ⅷ	Ⅸ～Ⅹ	Ⅺ～Ⅻ	Ⅷ～ⅩⅣ	Ⅴ～Ⅷ	Ⅸ～Ⅹ
名称	单位	代号	数量					
人工	工时	11010	43.00	54.30	62.30	72.50	31.70	39.10
导爆索	m	43002	—	—	—	—	20.05	23.10
炸药	kg	43015	48.82	56.97	63.59	71.65	44.56	51.79
导爆管	m	43001	25.23	29.11	33.04	37.36	—	—
导电线	m	38001	56.09	63.33	71.37	80.26	44.24	49.22
电雷管	个	43004	5.70	6.38	7.22	8.12	7.23	8.43
非电毫秒雷管	个	43005	4.83	5.53	6.30	7.23	—	—
DH6 冲击器	套	22001	0.02	0.03	0.04	0.06	0.02	0.02
合金钻头	个	22019	0.11	0.18	0.25	0.35	0.11	0.18
潜孔钻钻头 100 型	个	22037	0.18	0.28	0.40	0.56	0.15	0.22
其他材料费	%	11997	22.00	22.00	22.00	22.00	22.00	22.00
风钻 手持式	台时	01096	1.50	2.26	2.88	3.46	1.51	2.25
潜孔钻型号 100 型	台时	01100	2.42	3.54	4.92	7.01	1.88	2.77
其他机械费	%	11999	10.00	10.00	10.00	10.00	10.00	10.00

工作内容:钻孔、爆破、撬移、解小、翻渣、清面。

单位:100 m³

定额编号			D020090	D020091	D020092	D020093	D020094	D020095
项目			孔深 6 m～9 m		孔深＞9 m			
			岩石级别					
			Ⅺ～Ⅻ	ⅩⅢ～ⅩⅣ	Ⅴ～Ⅷ	Ⅸ～Ⅹ	Ⅺ～Ⅻ	ⅩⅢ～ⅩⅣ
名称	单位	代号	数量					
人工	工时	11010	45.80	53.40	24.10	30.30	36.30	43.00
导爆索	m	43002	26.20	30.27	16.03	19.05	21.14	25.20
炸药	kg	43015	58.44	65.59	40.98	47.47	53.09	59.93
导电线	m	38001	55.26	62.62	32.19	35.16	38.18	42.40
电雷管	个	43004	9.83	11.36	5.67	6.66	7.74	9.04
DH6 冲击器	套	22001	0.03	0.04	0.01	0.02	0.03	0.04
合金钻头	个	22019	0.25	0.35	0.11	0.18	0.25	0.35
潜孔钻钻头 100 型	个	22037	0.31	0.44	0.13	0.19	0.27	0.38
其他材料费	％	11997	22.00	22.00	22.00	22.00	22.00	22.00
风钻 手持式	台时	01096	2.86	3.47	1.51	2.27	2.86	3.45
潜孔钻型号 100 型	台时	01100	3.89	5.60	1.58	2.40	3.41	4.92
其他机械费	％	11999	10.00	10.00	10.00	10.00	10.00	10.00

2－12 一般石方开挖——150 型潜孔钻钻孔

工作内容:钻孔、爆破、撬移、解小、翻渣、清面。

单位:100 m³

定额编号			D020096	D020097	D020098	D020099	D0200100	D020101
项目			孔深≤6 m				孔深 6 m～9 m	
			岩石级别					
			Ⅴ～Ⅷ	Ⅸ～Ⅹ	Ⅺ～Ⅻ	ⅩⅢ～ⅩⅣ	Ⅴ～Ⅷ	Ⅸ～Ⅹ
名称	单位	代号	数量					
人工	工时	11010	40.70	48.80	55.50	63.00	28.90	35.20
导爆索	m	43002	—	—	—	—	10.42	11.72
炸药	kg	43015	53.79	62.17	69.91	78.39	49.17	56.92
导爆管	m	43001	13.10	15.14	17.04	20.03	—	—
导电线	m	38001	43.41	47.26	52.18	57.39	33.39	36.98
电雷管	个	43004	5.02	5.75	6.62	7.57	5.80	6.79
非电毫秒雷管	个	43005	2.54	2.93	3.36	3.81	—	—

续表

定额编号			D020096	D020097	D020098	D020099	D0200100	D020101
项目			孔深≤6 m				孔深 6 m～9 m	
			岩石级别					
			Ⅴ～Ⅷ	Ⅸ～Ⅹ	Ⅺ～Ⅻ	ⅩⅢ～ⅩⅣ	Ⅴ～Ⅷ	Ⅸ～Ⅹ
名称	单位	代号	数量					
DH6 冲击器	套	22001	0.01	0.01	0.01	0.02	0.01	0.01
合金钻头	个	22019	0.11	0.18	0.25	0.35	0.11	0.18
潜孔钻钻头 150 型	个	22038	0.06	0.09	0.12	0.17	0.05	0.07
其他材料费	%	11997	18.00	18.00	18.00	18.00	18.00	18.00
风钻 手持式	台时	01096	1.51	2.26	2.87	3.46	1.51	2.26
潜孔钻型号 150 型	台时	01101	1.34	1.98	2.83	4.02	1.09	1.65
其他机械费	%	11999	10.00	10.00	10.00	10.00	10.00	10.00

工作内容：钻孔、爆破、撬移、解小、翻渣、清面。

单位：100 m³

定额编号			D020102	D020103	D020104	D020105	D020106	D020107
项目			孔深 6 m～9 m		孔深＞9 m			
			岩石级别					
			Ⅺ～Ⅻ	ⅩⅢ～ⅩⅣ	Ⅴ～Ⅷ	Ⅸ～Ⅹ	Ⅺ～Ⅻ	ⅩⅢ～ⅩⅣ
名称	单位	代号	数量					
人工	工时	11010	40.90	47.40	21.40	26.70	31.50	37.10
导爆索	m	43002	13.13	14.81	8.46	9.63	11.09	12.61
炸药	kg	43015	63.68	71.46	44.76	51.82	58.23	65.37
导电线	m	38001	40.85	44.63	25.64	28.17	31.07	34.13
电雷管	个	43004	7.89	9.19	5.04	5.83	6.82	7.95
DH6 冲击器	套	22001	0.01	0.01	0.01	0.01	0.01	0.01
合金钻头	个	22019	0.25	0.35	0.11	0.18	0.25	0.35
潜孔钻钻头 150 型	个	22038	0.10	0.14	0.04	0.06	0.08	0.11
其他材料费	%	11997	18.00	18.00	18.00	18.00	18.00	18.00
风钻 手持式	台时	01096	2.85	3.47	1.51	2.26	2.88	3.48
潜孔钻型号 150 型	台时	01101	2.35	3.40	0.83	1.28	1.88	2.72
其他机械费	%	11999	10.00	10.00	10.00	10.00	10.00	10.00

2–13 一般石方开挖——φ64～76 液压钻钻孔

工作内容：钻孔、爆破、撬移、解小、翻渣、清面。

单位：100 m³

定额编号				D020108	D020109	D020110	D020111	D020112	D020113
项目				孔深≤6 m				孔深 6 m～9 m	
				岩石级别					
				Ⅴ～Ⅷ	Ⅸ～Ⅹ	Ⅺ～Ⅻ	ⅩⅢ～ⅩⅣ	Ⅴ～Ⅷ	Ⅸ～Ⅹ
名称	单位	代号		数量					
人工	工时	11010		43.60	51.60	57.80	64.60	30.60	36.40
导爆索	m	43002		—	—	—	—	24.22	27.68
钻头 φ64～76	个	22082		0.05	0.06	0.07	0.09	0.04	0.05
炸药	kg	43015		42.78	49.64	55.84	62.55	39.19	45.12
导爆管	m	43001		29.95	34.28	39.26	44.92	—	—
导电线	m	38001		82.10	76.23	85.38	96.06	52.90	59.41
电雷管	个	43004		9.17	7.68	8.63	9.69	8.60	10.04
非电毫秒雷管	个	43005		5.60	6.60	7.59	8.64	—	—
合金钻头	个	22019		0.11	0.18	0.25	0.35	0.11	0.18
钻杆	m	22071		0.07	0.09	0.10	0.11	0.06	0.07
其他材料费	%	11997		20.00	20.00	20.00	20.00	20.00	20.00
风钻 手持式	台时	01096		1.51	2.25	2.87	3.47	1.50	2.25
液压履带钻 孔径 64 mm～102 mm	台时	01106		0.53	0.69	0.87	1.07	0.44	0.58
其他机械费	%	11999		10.00	10.00	10.00	10.00	10.00	10.00

工作内容：钻孔、爆破、撬移、解小、翻渣、清面。

单位：100 m³

定额编号				D020114	D020115	D020116	D020117	D020118	D020119
项目				孔深 6 m～9 m		孔深＞9 m			
				岩石级别					
				Ⅺ～Ⅻ	ⅩⅢ～ⅩⅣ	Ⅴ～Ⅷ	Ⅸ～Ⅹ	Ⅺ～Ⅻ	ⅩⅢ～ⅩⅣ
名称	单位	代号		数量					
人工	工时	11010		41.70	46.90	22.90	28.20	32.50	26.10
导爆索	m	43002		31.76	36.33	19.74	22.60	25.71	29.69
钻头 φ64～76	个	22082		0.06	0.07	0.04	0.04	0.05	0.06
炸药	kg	43015		50.69	57.22	35.73	41.28	46.75	52.34
导电线	m	38001		66.37	74.70	38.30	42.16	46.59	50.88

续表

定额编号			D020114	D020115	D020116	D020117	D020118	D020119
项目			孔深 6 m～9 m		孔深＞9 m			
			岩石级别					
			Ⅺ～Ⅻ	ⅩⅢ～ⅩⅣ	Ⅴ～Ⅷ	Ⅸ～Ⅹ	Ⅺ～Ⅻ	ⅩⅢ～ⅩⅣ
名称	单位	代号	数量					
电雷管	个	43004	11.70	13.69	6.84	8.01	9.33	10.88
合金钻头	个	22019	0.25	0.35	0.11	0.18	0.25	0.35
钻杆	m	22071	0.08	0.09	0.05	0.06	0.07	0.08
其他材料费	%	11997	20.00	20.00	20.00	20.00	20.00	20.00
风钻 手持式	台时	01096	2.86	3.47	1.51	2.27	2.88	3.46
液压履带钻 孔径 64 mm～102 mm	台时	01106	0.72	0.90	0.43	0.56	0.72	0.87
其他机械费	%	11999	10.00	10.00	10.00	10.00	10.00	10.00

2－14　一般石方开挖——ϕ89～102 液压钻钻孔

工作内容：钻孔、爆破、撬移、解小、翻渣、清面。

单位：100 m³

定额编号			D020120	D020121	D020122	D020123	D020124	D020125
项目			孔深≤6 m				孔深 6 m～9 m	
			岩石级别					
			Ⅴ～Ⅷ	Ⅸ～Ⅹ	Ⅺ～Ⅻ	ⅩⅢ～ⅩⅣ	Ⅴ～Ⅷ	Ⅸ～Ⅹ
名称	单位	代号	数量					
人工	工时	11010	42.10	49.10	55.40	61.60	29.20	35.00
导爆索	m	43002	—	—	—	—	20.21	22.98
钻头 ϕ89～102	个	22083	0.03	0.04	0.05	0.05	0.02	0.03
炸药	kg	43015	49.16	56.63	63.64	72.09	44.62	51.85
导爆管	m	43001	25.00	28.65	32.91	37.66	—	—
导电线	m	38001	56.20	63.53	70.96	80.08	44.02	49.27
电雷管	个	43004	5.70	6.40	7.17	8.10	7.16	8.36
非电毫秒雷管	个	43005	4.81	5.51	6.31	7.22	—	—
合金钻头	个	22019	0.11	0.18	0.25	0.35	0.11	0.18
其他材料费	%	11997	20.00	20.00	20.00	20.00	20.00	20.00
风钻 手持式	台时	01096	1.51	2.27	2.86	3.45	1.51	2.26
液压履带钻 孔径 64 mm～102 mm	台时	01106	0.48	0.63	0.80	1.02	0.38	0.49
其他机械费	%	11999	10.00	10.00	10.00	10.00	10.00	10.00

工作内容:钻孔、爆破、撬移、解小、翻渣、清面。

单位:100 m³

定额编号			D020126	D020127	D020128	D020129	D020130	D020131
项目			孔深 6 m~9 m		孔深＞9 m			
			岩石级别					
			Ⅺ~Ⅻ	ⅩⅢ~ⅩⅣ	Ⅴ~Ⅷ	Ⅸ~Ⅹ	Ⅺ~Ⅻ	ⅩⅢ~ⅩⅣ
名称	单位	代号	数量					
人工	工时	11010	39.90	45.20	22.00	27.20	31.40	36.00
导爆索	m	43002	26.38	30.11	16.46	18.87	21.53	24.68
钻头 φ89~102	个	22083	0.04	0.04	0.02	0.03	0.03	0.04
炸药	kg	43015	58.07	65.25	41.05	47.48	53.37	59.95
导电线	m	38001	52.27	62.40	31.67	34.89	38.82	42.59
电雷管	个	43004	9.08	11.47	5.68	6.64	7.77	9.04
合金钻头	个	22019	0.25	0.35	0.11	0.18	0.25	0.35
钻杆	m	22071	0.05	0.06	0.03	0.04	0.04	0.05
其他材料费	%	11997	20.00	20.00	20.00	20.00	20.00	20.00
风钻 手持式	台时	01096	2.86	3.48	1.51	2.27	2.85	3.48
液压履带钻 孔径 64 mm~102 mm	台时	01106	0.62	0.80	0.37	0.47	0.60	0.77
其他机械费	%	11999	10.00	10.00	10.00	10.00	10.00	10.00

2-15 一般坡面石方开挖

工作内容:钻孔、爆破、撬移、解小、翻渣、清面。

单位:100 m³

定额编号			D020132	D020133	D020134	D020135
项目			岩石级别			
			Ⅴ~Ⅷ	Ⅸ~Ⅹ	Ⅺ~Ⅻ	ⅩⅢ~ⅩⅣ
名称	单位	代号	数量			
人工	工时	11010	140.20	166.40	197.20	241.40
炸药	kg	43015	25.11	33.29	39.82	46.02
导爆管	m	43001	93.26	119.07	153.12	195.78
导电线	m	38001	123.87	138.21	155.15	175.04
导火线	m	43003	62.16	82.26	98.61	113.88

续表

定额编号			D020132	D020133	D020134	D020135
项目			岩石级别			
			Ⅴ～Ⅷ	Ⅸ～Ⅹ	Ⅺ～Ⅻ	ⅩⅢ～ⅩⅣ
名称	单位	代号	数量			
电雷管	个	43004	5.31	5.75	6.24	6.76
非电毫秒雷管	个	43005	22.58	28.92	36.92	46.88
合金钻头	个	22019	0.99	1.71	2.50	3.56
其他材料费	%	11997	18.00	18.00	18.00	18.00
风钻 手持式	台时	01096	4.88	8.59	13.89	23.05
其他机械费	%	11999	10.00	10.00	10.00	10.00

2-16 底部保护层石方开挖

工作内容：钻孔、爆破、撬移、解小、翻渣、清面。

单位：100 m³

定额编号			D020136	D020137	D020138	D020139
项目			岩石级别			
			Ⅴ～Ⅷ	Ⅸ～Ⅹ	Ⅺ～Ⅻ	ⅩⅢ～ⅩⅣ
名称	单位	代号	数量			
人工	工时	11010	228.30	301.70	390.30	518.30
炸药	kg	43015	49.36	63.44	74.59	85.56
导爆管	m	43001	504.00	586.92	685.96	864.77
导电线	m	38001	524.98	656.81	820.31	1 154.82
电雷管	个	43004	33.75	40.44	47.83	61.88
非电毫秒雷管	个	43005	374.15	434.23	505.23	640.37
合金钻头	个	22019	3.38	5.50	7.88	11.11
其他材料费	%	11997	6.00	6.00	6.00	6.00
风钻 手持式	台时	01096	12.59	21.51	34.52	56.61
其他机械费	%	11999	10.00	10.00	10.00	10.00

2-17 坡面保护层石方开挖

工作内容：钻孔、爆破、撬移、解小、翻渣、清面。

单位：100 m³

定额编号			D020140	D020141	D020142	D020143
项目			岩石级别			
			Ⅴ～Ⅷ	Ⅸ～Ⅹ	Ⅺ～Ⅻ	ⅩⅢ～ⅩⅣ
名称	单位	代号	数量			
人工	工时	11010	344.30	430.80	524.80	660.80
炸药	kg	43015	49.14	63.15	74.43	85.46
导爆管	m	43001	409.96	476.47	557.56	649.57
导电线	m	38001	440.83	531.87	642.66	778.22
电雷管	个	43004	26.99	30.51	34.19	38.36
非电毫秒雷管	个	43005	301.95	351.19	409.17	478.35
合金钻头	个	22019	3.37	5.48	7.86	11.07
其他材料费	%	11997	6.00	6.00	6.00	6.00
风钻 手持式	台时	01096	14.22	23.66	36.79	59.39
其他机械费	%	11999	10.00	10.00	10.00	10.00

2-18 沟槽石方开挖

工作内容：钻孔、爆破、撬移、解小、翻渣、清面、修整断面。

单位：100 m³

定额编号			D020144	D020145	D020146	D020147	D020148	D020149
项目			底宽≤1 m				底宽1 m～2 m	
			岩石级别					
			Ⅴ～Ⅷ	Ⅸ～Ⅹ	Ⅺ～Ⅻ	ⅩⅢ～ⅩⅣ	Ⅴ～Ⅷ	Ⅸ～Ⅹ
名称	单位	代号	数量					
人工	工时	11010	794.10	1 078.40	1 392.50	1 854.40	464.70	611.70
炸药	kg	43015	160.10	203.77	234.15	263.04	101.59	128.66
导爆管	m	43001	1 699.85	2 070.87	2 486.65	3 005.28	452.11	535.72
导电线	m	38001	2 736.67	3 260.04	3 847.14	4 582.39	430.73	513.10
电雷管	个	43004	228.60	233.01	240.20	244.03	38.30	40.03

续表

定额编号			D020144	D020145	D020146	D020147	D020148	D020149
项目			底宽≤1 m				底宽1 m～2 m	
			岩石级别					
			Ⅴ～Ⅷ	Ⅸ～Ⅹ	Ⅺ～Ⅻ	ⅩⅢ～ⅩⅣ	Ⅴ～Ⅷ	Ⅸ～Ⅹ
名称	单位	代号	数量					
非电毫秒雷管	个	43005	1 556.78	1 894.64	2 294.44	2 779.53	270.63	321.16
合金钻头	个	22019	10.26	16.72	23.82	33.22	5.21	8.46
其他材料费	%	11997	3.00	3.00	3.00	3.00	5.00	5.00
风钻 手持式	台时	01096	42.92	71.55	109.78	176.01	22.86	38.52
其他机械费	%	11999	10.00	10.00	10.00	10.00	10.00	10.00

工作内容:钻孔、爆破、撬移、解小、翻渣、清面、修整断面。

单位:100 m³

定额编号			D020150	D020151	D020152	D020153	D020154	D020155
项目			底宽1 m～2 m		底宽2 m～4 m			
			岩石级别					
			Ⅺ～Ⅻ	ⅩⅢ～ⅩⅣ	Ⅴ～Ⅷ	Ⅸ～Ⅹ	Ⅺ～Ⅻ	ⅩⅢ～ⅩⅣ
名称	单位	代号	数量					
人工	工时	11010	790.90	1 040.70	254.70	335.10	425.00	561.20
炸药	kg	43015	148.75	167.00	62.92	81.58	94.56	107.82
导爆管	m	43001	640.51	760.84	212.35	252.81	299.45	356.14
导电线	m	38001	608.68	721.44	280.99	339.83	413.47	497.00
电雷管	个	43004	41.69	43.46	13.67	14.24	14.73	15.29
非电毫秒雷管	个	43005	384.71	457.80	101.66	119.43	142.83	169.05
合金钻头	个	22019	12.10	16.75	2.70	4.44	6.40	9.01
其他材料费	%	11997	5.00	5.00	7.00	7.00	7.00	7.00
风钻 手持式	台时	01096	59.52	95.78	11.90	20.20	31.57	51.50
其他机械费	%	11999	10.00	10.00	10.00	10.00	10.00	10.00

工作内容:钻孔、爆破、撬移、解小、翻渣、清面、修整断面。

单位:100 m³

定额编号			D020156	D020157	D020158	D020159
项目			底宽 4 m~7 m			
			岩石级别			
			Ⅴ~Ⅷ	Ⅸ~Ⅹ	Ⅺ~Ⅻ	ⅩⅢ~ⅩⅣ
名称	单位	代号	数量			
人工	工时	11010	191.70	246.30	308.70	395.50
炸药	kg	43015	45.63	58.43	67.80	77.24
导爆管	m	43001	139.10	173.15	213.82	263.22
导电线	m	38001	189.42	230.36	278.88	336.89
电雷管	个	43004	8.47	8.85	9.19	9.57
非电毫秒雷管	个	43005	45.13	55.52	68.60	84.68
合金钻头	个	22019	1.80	2.94	4.22	5.95
其他材料费	%	11997	10.00	10.00	10.00	10.00
风钻 手持式	台时	01096	8.55	14.63	22.95	37.51
其他机械费	%	11999	10.00	10.00	10.00	10.00

2-19 坡面沟槽石方开挖

工作内容:钻孔、爆破、撬移、解小、翻渣、清面、修整断面。

单位:100 m³

定额编号			D020160	D020161	D020162	D020163	D020164	D020165
项目			底宽≤1 m				底宽 1 m~2 m	
			岩石级别					
			Ⅴ~Ⅷ	Ⅸ~Ⅹ	Ⅺ~Ⅻ	ⅩⅢ~ⅩⅣ	Ⅴ~Ⅷ	Ⅸ~Ⅹ
名称	单位	代号	数量					
人工	工时	11010	822.20	1 101.40	1 424.70	1 877.70	524.30	684.70
炸药	kg	43015	159.70	203.42	234.39	264.98	101.76	129.17
导爆管	m	43001	2 034.90	2 480.27	2 986.78	3 621.64	543.26	644.42
导电线	m	38001	3 273.93	3 885.43	4 618.34	5 506.27	517.95	615.89
电雷管	个	43004	274.28	281.76	286.25	294.51	46.36	48.17
非电毫秒雷管	个	43005	1 868.07	2 262.03	2 753.03	3 308.80	325.68	386.75
合金钻头	个	22019	10.27	16.76	23.72	33.28	5.23	8.45
其他材料费	%	11997	3.00	3.00	3.00	3.00	5.00	5.00
风钻 手持式	台时	01096	47.79	77.93	118.04	184.00	25.59	41.45
其他机械费	%	11999	10.00	10.00	10.00	10.00	10.00	10.00

工作内容:钻孔、爆破、撬移、解小、翻渣、清面、修整断面。

单位:100 m³

定额编号			D020166	D020167	D020168	D020169	D020170	D020171
项目			底宽1 m～2 m		底宽2 m～4 m			
			岩石级别					
			XI～XII	XIII～XIV	V～VIII	IX～X	XI～XII	XIII～XIV
名称	单位	代号	数量					
人工	工时	11010	866.10	1 111.60	361.10	450.90	552.50	692.50
炸药	kg	43015	148.21	168.39	62.96	81.49	94.44	107.92
导爆管	m	43001	766.76	913.89	254.50	303.00	362.15	428.90
导电线	m	38001	731.57	864.96	337.02	409.87	493.65	596.85
电雷管	个	43004	50.03	51.69	16.37	17.01	17.69	18.51
非电毫秒雷管	个	43005	461.52	546.05	121.36	143.84	171.96	203.30
合金钻头	个	22019	12.06	16.86	2.71	4.48	6.41	9.07
其他材料费	%	11997	5.00	5.00	7.00	7.00	7.00	7.00
风钻 手持式	台时	01096	63.24	99.57	13.23	21.96	33.85	53.89
其他机械费	%	11999	10.00	10.00	10.00	10.00	10.00	10.00

工作内容:钻孔、爆破、撬移、解小、翻渣、清面、修整断面。

单位:100 m³

定额编号			D020172	D020173	D020174	D020175
项目			底宽4 m～7 m			
			岩石级别			
			V～VIII	IX～X	XI～XII	XIII～XIV
名称	单位	代号	数量			
人工	工时	11010	299.80	361.90	429.00	529.80
炸药	kg	43015	45.49	58.07	67.90	77.35
导爆管	m	43001	167.57	208.06	255.04	313.50
导电线	m	38001	228.02	277.03	333.46	403.66
电雷管	个	43004	10.19	10.61	11.10	11.46
非电毫秒雷管	个	43005	54.34	66.32	82.07	100.87
合金钻头	个	22019	1.80	2.96	4.23	5.96
其他材料费	%	11997	10.00	10.00	10.00	10.00
风钻 手持式	台时	01096	9.47	15.73	24.36	39.16
其他机械费	%	11999	10.00	10.00	10.00	10.00

2-20 坑石方开挖

工作内容：钻孔、爆破、撬移、解小、翻渣、清面、修整断面。

单位：100 m³

定额编号			D020176	D020177	D020178	D020179	D020180	D020181
项目			坑口面积≤2.5 m²				坑口面积2.5 m²～5 m²	
			岩石级别					
			Ⅴ～Ⅷ	Ⅸ～Ⅹ	Ⅺ～Ⅻ	ⅩⅢ～ⅩⅣ	Ⅴ～Ⅷ	Ⅸ～Ⅹ
名称	单位	代号	数量					
人工	工时	11010	1 194.60	1 655.30	2 142.50	2 800.20	930.70	1 263.60
炸药	kg	43015	291.84	390.64	441.63	483.81	216.75	286.68
导爆管	m	43001	1 032.63	1 262.89	1 552.96	1 913.70	715.16	894.47
导电线	m	38001	1 027.28	1 195.19	1 401.06	1 626.73	786.52	941.86
电雷管	个	43004	58.05	67.89	78.80	91.86	41.93	48.04
非电毫秒雷管	个	43005	657.17	811.26	1 001.99	1 236.98	406.21	506.37
合金钻头	个	22019	11.52	19.73	27.73	37.57	8.59	14.57
其他材料费	%	11997	2.00	2.00	2.00	2.00	3.00	3.00
风钻 手持式	台时	01096	48.56	84.51	128.53	200.00	37.67	66.17
其他机械费	%	11999	2.00	2.00	2.00	2.00	2.00	2.00

工作内容：钻孔、爆破、撬移、解小、翻渣、清面、修整断面。

单位：100 m³

定额编号			D020182	D020183	D020184	D020185	D020186	D020187
项目			坑口面积2.5 m²～5 m²		坑口面积5 m²～10 m²			
			岩石级别					
			Ⅺ～Ⅻ	ⅩⅢ～ⅩⅣ	Ⅴ～Ⅷ	Ⅸ～Ⅹ	Ⅺ～Ⅻ	ⅩⅢ～ⅩⅣ
名称	单位	代号	数量					
人工	工时	11010	1 634.70	2 137.60	608.10	818.90	1 039.30	1 343.20
炸药	kg	43015	326.74	358.68	160.38	215.16	243.50	267.33
导爆管	m	43001	1 123.69	1407.41	427.12	523.66	647.30	798.47
导电线	m	38001	1 110.36	1 323.35	447.11	542.30	661.47	796.31
电雷管	个	43004	55.09	62.87	23.58	26.98	31.04	35.49
非电毫秒雷管	个	43005	637.31	799.64	205.40	252.70	311.43	382.75
合金钻头	个	22019	20.50	27.62	6.39	10.85	15.30	20.69
其他材料费	%	11997	3.00	3.00	4.00	4.00	4.00	4.00
风钻 手持式	台时	01096	101.28	157.91	28.09	49.15	75.45	116.86
其他机械费	%	11999	2.00	2.00	2.00	2.00	2.00	2.00

工作内容:钻孔、爆破、撬移、解小、翻渣、清面、修整断面。

单位:100 m³

定额编号			D020188	D020189	D020190	D020191	D020192	D020193
项目			坑口面积 10 m²～20 m²				坑口面积 20 m²～40 m²	
			岩石级别					
			Ⅴ～Ⅷ	Ⅸ～Ⅹ	Ⅺ～Ⅻ	ⅩⅢ～ⅩⅣ	Ⅴ～Ⅷ	Ⅸ～Ⅹ
名称	单位	代号	数量					
人工	工时	11010	370.80	503.10	657.30	870.30	275.60	379.00
炸药	kg	43015	106.69	140.78	162.37	181.99	78.52	103.62
导爆管	m	43001	242.35	320.33	421.34	559.74	245.88	310.64
导电线	m	38001	279.04	353.01	441.92	555.36	203.80	251.52
电雷管	个	43004	15.16	17.33	19.79	22.57	11.43	13.15
非电毫秒雷管	个	43005	101.12	133.85	176.80	234.44	79.63	99.10
合金钻头	个	22019	4.24	7.15	10.19	14.05	3.26	5.54
其他材料费	%	11997	5.00	5.00	5.00	5.00	6.00	6.00
风钻 手持式	台时	01096	18.60	32.32	49.99	79.39	15.13	26.31
其他机械费	%	11999	2.00	2.00	2.00	2.00	2.00	2.00

工作内容:钻孔、爆破、撬移、解小、翻渣、清面、修整断面。

单位:100 m³

定额编号			D020194	D020195	D020196	D020197	D020198	D020199
项目			坑口面积 20 m²～40 m²		坑口面积 40 m²～80 m²			
			岩石级别					
			Ⅺ～Ⅻ	ⅩⅢ～ⅩⅣ	Ⅴ～Ⅷ	Ⅸ～Ⅹ	Ⅺ～Ⅻ	ⅩⅢ～ⅩⅣ
名称	单位	代号	数量					
人工	工时	11010	496.00	663.60	228.20	313.40	409.00	550.30
炸药	kg	43015	120.86	136.84	69.65	92.32	107.92	122.47
导爆管	m	43001	388.32	486.40	197.03	255.65	332.53	431.10
导电线	m	38001	311.91	382.52	173.92	218.22	272.74	342.69
电雷管	个	43004	15.09	17.19	9.55	10.98	12.52	14.33
非电毫秒雷管	个	43005	125.05	155.65	54.43	70.56	91.51	119.08
合金钻头	个	22019	7.96	11.09	2.90	4.92	7.06	9.96
其他材料费	%	11997	6.00	6.00	7.00	7.00	7.00	7.00
风钻 手持式	台时	01096	41.82	67.53	13.38	23.54	37.17	60.39
其他机械费	%	11999	2.00	2.00	2.00	2.00	2.00	2.00

工作内容:钻孔、爆破、撬移、解小、翻渣、清面、修整断面。

单位:100 m³

定额编号			D020200	D020201	D020202	D020203
项目			坑口面积 80 m²～160 m²			
			岩石级别			
			Ⅴ～Ⅷ	Ⅸ～Ⅹ	Ⅺ～Ⅻ	ⅩⅢ～ⅩⅣ
名称	单位	代号	数量			
人工	工时	11010	176.80	240.80	315.70	428.00
炸药	kg	43015	56.21	73.81	87.30	99.46
导爆管	m	43001	192.49	252.20	325.96	422.15
导电线	m	38001	148.78	192.89	250.77	327.11
电雷管	个	43004	6.19	7.06	8.13	9.28
非电毫秒雷管	个	43005	46.02	60.02	78.50	101.13
合金钻头	个	22019	2.36	4.01	5.82	8.18
其他材料费	%	11997	8.00	8.00	8.00	8.00
风钻 手持式	台时	01096	11.06	19.42	30.79	50.76
其他机械费	%	11999	2.00	2.00	2.00	2.00

2-21 预裂爆破——100型潜孔钻钻孔

工作内容:钻孔、爆破、清理。

单位:100 m²

定额编号			D020204	D020205	D020206	D020207	D020208	D020209	D020210	D020211
项目			水平孔				垂直孔			
			岩石级别							
			Ⅴ～Ⅷ	Ⅸ～Ⅹ	Ⅺ～Ⅻ	ⅩⅢ～ⅩⅣ	Ⅴ～Ⅷ	Ⅸ～Ⅹ	Ⅺ～Ⅻ	ⅩⅢ～ⅩⅣ
名称	单位	代号	数量							
人工	工时	11010	96.00	122.30	152.70	193.30	84.40	105.20	130.20	161.80
导爆索	m	43002	120.48	132.09	141.00	151.30	128.02	126.06	124.04	121.29
炸药	kg	43015	42.64	68.68	87.44	105.51	42.33	68.89	87.90	105.55
导电线	m	38001	—	—	—	—	166.06	150.25	137.24	122.17
电雷管	个	43004	1.60	1.74	1.88	2.02	2.65	2.65	2.65	2.63
DH6 冲击器	套	22001	0.11	0.15	0.21	0.27	0.11	0.15	0.21	0.27
潜孔钻钻头 100型	个	22037	1.08	1.54	2.05	2.73	1.08	1.55	2.07	2.74
其他材料费	%	11997	12.00	12.00	12.00	12.00	12.00	12.00	12.00	12.00
潜孔钻型号100型	台时	01100	19.07	26.84	36.06	49.22	14.85	20.86	28.01	38.28
其他机械费	%	11999	2.00	2.00	2.00	2.00	2.00	2.00	2.00	2.00

2-22 预裂爆破——150型潜孔钻钻孔

工作内容:钻孔、爆破、清理。

单位:100 m²

定额编号			D020212	D020213	D020214	D020215	D020216	D020217	D020218	D020219
项目			水平孔				垂直孔			
			岩石级别							
			Ⅴ~Ⅷ	Ⅸ~Ⅹ	Ⅺ~Ⅻ	ⅩⅢ~ⅩⅣ	Ⅴ~Ⅷ	Ⅸ~Ⅹ	Ⅺ~Ⅻ	ⅩⅢ~ⅩⅣ
名称	单位	代号	数量							
人工	工时	11010	81.40	103.00	128.00	162.80	72.30	90.20	110.80	138.20
导爆索	m	43002	106.33	115.61	123.77	132.78	106.41	115.70	125.18	133.16
炸药	kg	43015	40.57	65.81	83.96	100.14	40.47	66.17	83.79	100.02
导电线	m	38001	—	—	—	—	187.64	171.82	159.38	145.88
电雷管	个	43004	1.37	1.52	1.65	1.76	3.32	3.39	3.45	3.51
DH6 冲击器	套	22001	0.05	0.07	0.09	0.12	0.05	0.07	0.09	0.12
潜孔钻钻头150型	个	22038	0.45	0.66	0.86	1.15	0.45	0.66	0.86	1.15
其他材料费	%	11997	12.00	12.00	12.00	12.00	12.00	12.00	12.00	12.00
潜孔钻型号150型	台时	01101	14.21	19.93	27.07	35.34	11.05	15.45	21.19	27.42
其他机械费	%	11999	2.00	2.00	2.00	2.00	2.00	2.00	4.00	4.00

2-23 预裂爆破——液压钻钻孔

工作内容:钻孔、爆破、清理。

单位:100 m²

定额编号			D020220	D020221	D020222	D020223
项目			岩石级别			
			Ⅴ~Ⅷ	Ⅸ~Ⅹ	Ⅺ~Ⅻ	ⅩⅢ~ⅩⅣ
名称	单位	代号	数量			
人工	工时	11010	67.60	75.60	82.80	91.30
导爆索	m	43002	128.92	127.11	123.91	121.14
钻头 $\phi \leqslant 64$	个	22078	0.36	0.42	0.47	0.53
炸药	kg	43015	53.63	86.55	109.70	131.95
导电线	m	38001	166.06	150.69	136.87	122.30
电雷管	个	43004	2.64	2.64	2.64	2.64
其他材料费	%	11997	15.00	15.00	15.00	15.00
液压履带钻 孔径 64 mm~102 mm	台时	01106	3.59	4.40	5.14	6.15
其他机械费	%	11999	6.00	6.00	6.00	6.00

2-24 平洞石方开挖——风钻钻孔

工作内容:钻孔、爆破、安全处理、清面、修整。

单位:100 m³

定额编号			D020224	D020225	D020226	D020227	D020228	D020229
项目			开挖断面 10 m²				开挖断面 15 m²	
			岩石级别					
			Ⅴ～Ⅷ	Ⅸ～Ⅹ	Ⅺ～Ⅻ	ⅩⅢ～ⅩⅣ	Ⅴ～Ⅷ	Ⅸ～Ⅹ
名称	单位	代号	数量					
人工	工时	11010	639.20	896.60	1 185.50	1 630.20	539.10	724.50
炸药	kg	43015	158.24	211.10	237.43	262.54	102.27	135.98
导爆管	m	43001	362.20	422.00	467.70	501.91	266.20	310.90
非电毫秒雷管	个	43005	181.24	212.05	234.02	249.68	132.34	155.27
合金钻头	个	22019	6.25	10.64	14.92	20.16	4.13	7.06
其他材料费	％	11997	9.00	9.00	9.00	9.00	9.00	9.00
风钻 手持式	台时	01096	—	—	—	—	8.10	14.64
风钻 气腿式	台时	01097	37.97	67.75	110.29	179.18	17.67	31.64
轴流通风机 功率 37 kW	台时	09071	22.76	27.10	32.55	39.30	20.37	24.48
其他机械费	％	11999	6.00	6.00	6.00	6.00	8.00	8.00

工作内容:钻孔、爆破、安全处理、清面、修整。

单位:100 m³

定额编号			D020230	D020231	D020232	D020233	D020234	D020235
项目			开挖断面 15 m²		开挖断面 30 m²			
			岩石级别					
			Ⅺ～Ⅻ	ⅩⅢ～ⅩⅣ	Ⅴ～Ⅷ	Ⅸ～Ⅹ	Ⅺ～Ⅻ	ⅩⅢ～ⅩⅣ
名称	单位	代号	数量					
人工	工时	11010	944.10	1 272.50	399.10	541.60	723.00	987.50
炸药	kg	43015	157.76	176.52	85.55	113.68	132.43	150.82
导爆管	m	43001	343.74	366.25	190.14	223.06	247.48	265.60
非电毫秒雷管	个	43005	171.79	183.34	95.75	111.03	123.43	132.44
合金钻头	个	22019	10.08	13.96	3.52	5.92	8.63	12.11

续表

定额编号			D020230	D020231	D020232	D020233	D020234	D020235
项目			开挖断面 15 m²		开挖断面 30 m²			
			岩石级别					
			Ⅺ～Ⅻ	ⅩⅢ～ⅩⅣ	Ⅴ～Ⅷ	Ⅸ～Ⅹ	Ⅺ～Ⅻ	ⅩⅢ～ⅩⅣ
名称	单位	代号	数量					
其他材料费	%	11997	9.00	9.00	9.00	9.00	9.00	9.00
风钻 手持式	台时	01096	25.14	43.11	7.81	14.11	24.17	41.54
风钻 气腿式	台时	01097	52.23	86.26	14.18	25.50	42.69	71.31
轴流通风机 功率 37 kW	台时	09071	29.26	35.16	16.16	19.41	23.27	27.88
其他机械费	%	11999	8.00	8.00	8.00	8.00	8.00	8.00

工作内容：钻孔、爆破、安全处理、清面、修整。

单位：100 m³

定额编号			D020236	D020237	D020238	D020239
项目			开挖断面 60 m²			
			岩石级别			
			Ⅴ～Ⅷ	Ⅸ～Ⅹ	Ⅺ～Ⅻ	ⅩⅢ～ⅩⅣ
名称	单位	代号	数量			
人工	工时	11010	336.30	458.30	617.10	853.50
炸药	kg	43015	80.42	106.56	124.82	143.13
导爆管	m	43001	165.39	192.23	213.34	228.55
非电毫秒雷管	个	43005	82.32	96.31	106.47	114.49
合金钻头	个	22019	3.31	5.62	8.12	11.43
其他材料费	%	11997	10.00	10.00	10.00	10.00
风钻 手持式	台时	01096	7.52	13.50	23.11	39.66
风钻 气腿式	台时	01097	13.41	23.96	40.17	67.21
轴流通风机 功率 55 kW	台时	09072	12.39	14.77	17.76	21.29
其他机械费	%	11999	8.00	8.00	8.00	8.00

2-25 平洞石方开挖——二臂液压凿岩石车

工作内容：钻孔、爆破、安全处理、清面、修整。

单位：100 m³

定额编号			D020240	D020241	D020242	D020243	D020244	D020245	D020246	D020247
项目			开挖断面 30 m²				开挖断面 60 m²			
			岩石级别							
			Ⅴ～Ⅷ	Ⅸ～Ⅹ	Ⅺ～Ⅻ	ⅩⅢ～ⅩⅣ	Ⅴ～Ⅷ	Ⅸ～Ⅹ	Ⅺ～Ⅻ	ⅩⅢ～ⅩⅣ
名称	单位	代号	数量							
人工	工时	11010	215.20	279.10	337.80	410.70	153.10	198.60	242.20	290.90
钻头 φ102	个	22079	0.01	0.01	0.01	0.02	0.01	0.01	0.01	0.01
钻头 φ45	个	22080	0.47	0.56	0.66	0.75	0.39	0.46	0.55	0.62
炸药	kg	43015	122.94	141.16	159.92	174.72	102.28	116.53	132.01	144.64
导爆管	m	43001	465.26	544.67	603.92	641.62	336.24	390.86	432.64	464.15
非电毫秒雷管	个	43005	116.39	136.09	150.29	160.08	83.56	98.54	108.46	115.50
钻杆	m	22071	0.72	0.81	0.93	1.02	0.59	0.67	0.76	0.83
其他材料费	%	11997	25.00	25.00	25.00	25.00	25.00	25.00	25.00	25.00
凿岩台车 液压 二臂	台时	01113	2.27	2.74	3.34	3.94	1.89	2.25	2.76	3.27
液压平台车	台时	01117	1.08	1.23	1.40	1.53	1.12	1.28	1.44	1.60
轴流通风机 功率 37 kW	台时	09071	14.85	17.68	21.29	25.54	—	—	—	—
轴流通风机 功率 55 kW	台时	09072	—	—	—	—	11.04	13.33	15.97	19.23
其他机械费	%	11999	3.00	3.00	3.00	3.00	3.00	3.00	3.00	3.00

2-26 平洞石方开挖——三臂液压凿岩石车

工作内容:钻孔、爆破、安全处理、清面、修整。

单位:100 m³

定额编号			D020248	D020249	D020250	D020251	D020252	D020253
项目			开挖断面 30 m²				开挖断面 60 m²	
			岩石级别					
			Ⅴ～Ⅷ	Ⅸ～Ⅹ	Ⅺ～Ⅻ	ⅩⅢ～ⅩⅣ	Ⅴ～Ⅷ	Ⅸ～Ⅹ
名称	单位	代号	数量					
人工	工时	11010	207.70	268.20	327.30	398.60	148.20	193.80
钻头 φ102	个	22079	0.01	0.01	0.01	0.02	0.01	0.01
钻头 φ45	个	22080	0.47	0.56	0.66	0.76	0.39	0.46
炸药	kg	43015	122.53	141.19	159.12	174.46	101.58	116.54
导爆管	m	43001	466.41	542.28	824.42	601.68	378.49	444.48
非电毫秒雷管	个	43005	116.92	137.06	122.98	150.01	75.22	88.52
钻杆	m	22071	0.72	0.82	0.92	1.02	0.59	0.68
其他材料费	%	11997	25.00	25.00	25.00	25.00	25.00	25.00
凿岩台车 液压 三臂	台时	01114	1.51	1.82	2.22	2.63	1.26	1.50
液压平台车	台时	01117	1.08	1.22	1.39	1.53	1.11	1.27
轴流通风机 功率 37 kW	台时	09071	14.78	17.74	21.29	25.63	—	—
轴流通风机 功率 55 kW	台时	09072	—	—	—	—	11.10	13.29
其他机械费	%	11999	3.00	3.00	3.00	3.00	3.00	3.00

工作内容:钻孔、爆破、安全处理、清面、修整。

单位:100 m³

定额编号			D020254	D020255	D020256	D020257	D020258	D020259
项目			开挖断面 60 m²		开挖断面 120 m²			
			岩石级别					
			Ⅺ～Ⅻ	ⅩⅢ～ⅩⅣ	Ⅴ～Ⅷ	Ⅸ～Ⅹ	Ⅺ～Ⅻ	ⅩⅢ～ⅩⅣ
名称	单位	代号	数量					
人工	工时	11010	225.60	285.20	115.10	145.80	175.10	210.50
钻头 ϕ102	个	22079	0.01	0.01	0.01	0.01	0.01	0.01
钻头 ϕ45	个	22080	0.55	0.62	0.28	0.34	0.41	0.48
炸药	kg	43015	131.68	144.14	75.21	86.90	101.67	114.60
导爆管	m	43001	469.97	527.00	384.27	450.39	496.98	534.35
非电毫秒雷管	个	43005	93.43	105.73	64.28	75.16	83.59	89.30
钻杆	m	22071	0.76	0.84	0.42	0.49	0.57	0.66
其他材料费	%	11997	25.00	25.00	25.00	25.00	25.00	25.00
凿岩台车 液压三臂	台时	01114	1.84	2.19	0.91	1.09	1.37	1.69
液压平台车	台时	01117	1.44	1.59	1.25	1.44	1.70	1.94
轴流通风机功率 55 kW	台时	09072	15.91	19.07	8.96	10.80	12.86	15.46
其他机械费	%	11999	3.00	3.00	3.00	3.00	3.00	3.00

工作内容:钻孔、爆破、安全处理、清面、修整。

单位:100 m³

定额编号			D020260	D020261	D020262	D020263
项目			开挖断面 240 m²			
			岩石级别			
			Ⅴ～Ⅷ	Ⅸ～Ⅹ	Ⅺ～Ⅻ	ⅩⅢ～ⅩⅣ
名称	单位	代号	数量			
人工	工时	11010	95.10	119.20	142.60	168.90
钻头 ϕ102	个	22079	0.01	0.01	0.01	0.01
钻头 ϕ45	个	22080	0.26	0.32	0.38	0.45
炸药	kg	43015	70.02	81.08	95.24	107.82
导爆管	m	43001	315.15	369.77	406.60	437.69

续表

定额编号			D020260	D020261	D020262	D020263
项目			开挖断面 240 m²			
			岩石级别			
			Ⅴ～Ⅷ	Ⅸ～Ⅹ	Ⅺ～Ⅻ	ⅩⅢ～ⅩⅣ
名称	单位	代号	数量			
非电毫秒雷管	个	43005	52.47	61.02	68.02	72.35
钻杆	m	22071	0.40	0.46	0.54	0.61
其他材料费	%	11997	25.00	25.00	25.00	25.00
凿岩台车 液压 三臂	台时	01114	0.85	1.04	1.30	1.59
液压平台车	台时	01117	1.46	1.68	1.98	2.27
轴流通风机 功率 55 kW	台时	09072	7.58	9.09	10.96	13.06
其他机械费	%	11999	3.00	3.00	3.00	3.00

2-27 人工挖孔桩石方开挖——风钻钻孔

工作内容：钻孔、爆破、安全处理、清面、修整。

单位：100 m³

定额编号			D020264	D020265	D020266	D020267	D020268	D020269
项目			开挖断面 5 m²				开挖断面 10 m²	
			岩石级别					
			Ⅴ～Ⅷ	Ⅸ～Ⅹ	Ⅺ～Ⅻ	ⅩⅢ～ⅩⅣ	Ⅴ～Ⅷ	Ⅸ～Ⅹ
名称	单位	代号	数量					
人工	工时	11010	729.80	1 135.20	1 606.60	2 346.20	604.10	912.40
炸药	kg	43015	352.52	468.54	530.95	579.86	247.14	329.46
导爆管	m	43001	839.93	983.36	1 081.76	1 156.09	592.44	695.62
非电毫秒雷管	个	43005	416.41	490.05	540.38	580.25	298.66	349.64
合金钻头	个	22019	13.36	23.75	31.82	42.60	9.48	16.11
其他材料费	%	11997	4.00	4.00	4.00	4.00	5.00	5.00
风钻 手持式	台时	01096	79.54	143.23	230.75	370.43	57.45	103.03
轴流通风机 功率 14 kW	台时	09069	58.88	70.63	84.77	102.03	47.05	56.56
其他机械费	%	11999	5.00	5.00	5.00	5.00	6.00	6.00

工作内容:钻孔、爆破、安全处理、清面、修整。

单位:100 m³

定额编号			D020270	D020271	D020272	D020273	D020274	D020275
项目			开挖断面 10 m²		开挖断面 15 m²			
			岩石级别					
			Ⅺ～Ⅻ	ⅩⅢ～ⅩⅣ	Ⅴ～Ⅷ	Ⅸ～Ⅹ	Ⅺ～Ⅻ	ⅩⅢ～ⅩⅣ
名称	单位	代号	数量					
人工	工时	11010	1 283.00	1 856.50	475.30	684.50	943.90	1 343.00
炸药	kg	43015	375.32	409.75	142.64	187.16	218.23	242.86
导爆管	m	43001	770.63	825.45	437.60	512.61	566.69	609.00
非电毫秒雷管	个	43005	384.42	415.93	217.71	256.42	284.20	304.37
合金钻头	个	22019	22.80	30.82	5.69	8.59	13.59	18.83
其他材料费	%	11997	5.00	5.00	7.00	7.00	7.00	7.00
风钻 手持式	台时	01096	168.18	272.31	35.19	62.69	103.97	174.82
轴流通风机 功率 14 kW	台时	09069	67.94	80.74	—	—	—	—
轴流通风机 功率 37 kW	台时	09071	—	—	34.85	41.90	50.30	60.20
其他机械费	%	11999	6.00	6.00	7.00	7.00	7.00	7.00

工作内容:钻孔、爆破、安全处理、清面、修整。

单位:100 m³

定额编号			D020276	D020277	D020278	D020279
项目			开挖断面 30 m²			
			岩石级别			
			Ⅴ～Ⅷ	Ⅸ～Ⅹ	Ⅺ～Ⅻ	ⅩⅢ～ⅩⅣ
名称	单位	代号	数量			
人工	工时	11010	403.90	573.70	789.60	1 122.00
炸药	kg	43015	116.90	154.54	179.09	202.33
导爆管	m	43001	470.39	552.79	609.27	657.28
非电毫秒雷管	个	43005	156.25	184.08	204.14	219.26
合金钻头	个	22019	4.73	8.00	11.42	16.01
其他材料费	%	11997	7.00	7.00	7.00	7.00
风钻 手持式	台时	01096	29.89	53.29	88.71	150.71
轴流通风机 功率 37 kW	台时	09071	21.70	25.94	31.01	37.52
其他机械费	%	11999	8.00	8.00	8.00	8.00

2-28 平洞超挖石方(机械装渣)

工作内容:超挖部分翻渣清面,修整断面(不包括装渣)。

单位:100 m³

定额编号			D020280	D020281	D020282	D020283	D020284	D020285
项目			开挖断面 15 m²				开挖断面 30 m²	
			岩石级别					
			Ⅴ～Ⅷ	Ⅸ～Ⅹ	Ⅺ～Ⅻ	ⅩⅢ～ⅩⅣ	Ⅴ～Ⅷ	Ⅸ～Ⅹ
名称	单位	代号	数量					
人工	工时	11010	142.90	173.60	202.70	237.00	120.00	143.70

工作内容:超挖部分翻渣清面,修整断面(不包括装渣)。

单位:100 m³

定额编号			D020286	D020287	D020288	D020289	D020290	D020291
项目			开挖断面 30 m²		开挖断面 60 m²			
			岩石级别					
			Ⅺ～Ⅻ	ⅩⅢ～ⅩⅣ	Ⅴ～Ⅷ	Ⅸ～Ⅹ	Ⅺ～Ⅻ	ⅩⅢ～ⅩⅣ
名称	单位	代号	数量					
人工	工时	11010	166.80	192.20	101.10	119.80	137.00	158.20

工作内容:超挖部分翻渣清面,修整断面(不包括装渣)。

单位:100 m³

定额编号			D020292	D020293	D020294	D020295	D020296	D020297	D020298	D020299
项目			开挖断面 120 m²				开挖断面 240 m²			
			岩石级别							
			Ⅴ～Ⅷ	Ⅸ～Ⅹ	Ⅺ～Ⅻ	ⅩⅢ～ⅩⅣ	Ⅴ～Ⅷ	Ⅸ～Ⅹ	Ⅺ～Ⅻ	ⅩⅢ～ⅩⅣ
名称	单位	代号	数量							
人工	工时	11010	93.90	110.40	124.10	141.80	89.50	102.90	116.00	129.20

2-29 平洞超挖石方(人工装渣)

工作内容:超挖部分翻渣清面,修整断面(不包括装渣)。

单位:100 m³

定额编号			D020300	D020301	D020302	D020303	D020304	D020305	D020306	D020307
项目			开挖断面 5 m²				开挖断面 10 m²			
			岩石级别							
			Ⅴ～Ⅷ	Ⅸ～Ⅹ	Ⅺ～Ⅻ	ⅩⅢ～ⅩⅣ	Ⅴ～Ⅷ	Ⅸ～Ⅹ	Ⅺ～Ⅻ	ⅩⅢ～ⅩⅣ
名称	单位	代号	数量							
人工	工时	11010	68.00	94.10	122.30	161.10	57.30	78.90	103.10	133.60

2-30 1.0 m³ 挖掘机装石渣汽车运输

工作内容:挖装、运输、卸除、空回。

单位:100 m³

定额编号				D020308	D020309	D020310	D020311	D020312	D020313
项目				露天运距/km					
				1		2		3	
				5.0 t自卸汽车运石渣	8.0 t自卸汽车运石渣	5.0 t自卸汽车运石渣	8.0 t自卸汽车运石渣	5.0 t自卸汽车运石渣	8.0 t自卸汽车运石渣
名称	单位	代号		数量					
人工	工时	11010		18.30	18.30	18.30	18.30	18.30	18.30
零星材料费	%	11998		2.00	2.00	2.00	2.00	2.00	2.00
单斗挖掘机 液压 斗容1.0 m³	台时	01009		2.74	2.74	2.74	2.74	2.74	2.74
推土机 功率 88 kW	台时	01044		1.37	1.37	1.37	1.37	1.37	1.37
自卸汽车 载重量5.0 t	台时	03012		16.03	—	20.75	—	24.87	—
自卸汽车 载重量8.0 t	台时	03013		—	10.89	—	13.87	—	16.46

工作内容:挖装、运输、卸除、空回。

单位:100 m³

定额编号				D020314	D020315	D020316	D020317	D020318	D020319
项目				露天运距/km				增运/km	
				4		5		1	
				5.0 t自卸汽车运石渣	8.0 t自卸汽车运石渣	5.0 t自卸汽车运石渣	8.0 t自卸汽车运石渣	5.0 t自卸汽车运石渣	8.0 t自卸汽车运石渣
名称	单位	代号		数量					
人工	工时	11010		18.30	18.30	18.30	18.30	—	—
零星材料费	%	11998		2.00	2.00	2.00	2.00	—	—
单斗挖掘机 液压 斗容1.0 m³	台时	01009		2.74	2.74	2.74	2.74	—	—
推土机 功率 88 kW	台时	01044		1.37	1.37	1.37	1.37	—	—
自卸汽车 载重量5.0 t	台时	03012		28.94	—	32.88	—	3.55	—
自卸汽车 载重量8.0 t	台时	03013		—	18.93	—	21.41	—	2.21

工作内容:挖装、运输、卸除、空回。

单位:100 m³

定额编号			D020320	D020321	D020322	D020323	D020324	D020325
项目			洞内运距/km					
			0.5		1		2	
			5.0 t自卸汽车运石渣	8.0 t自卸汽车运石渣	5.0 t自卸汽车运石渣	8.0 t自卸汽车运石渣	5.0 t自卸汽车运石渣	8.0 t自卸汽车运石渣
名称	单位	代号	数量					
人工	工时	11010	22.60	22.60	22.60	22.60	22.60	22.60
零星材料费	%	11998	2.00	2.00	2.00	2.00	2.00	2.00
单斗挖掘机 液压 斗容1.0 m³	台时	01009	3.40	3.40	3.40	3.40	3.40	3.40
推土机 功率88 kW	台时	01044	1.70	1.70	1.70	1.70	1.70	1.70
自卸汽车 载重量5.0 t	台时	03012	15.87	—	21.87	—	33.19	—
自卸汽车 载重量8.0 t	台时	03013	—	11.02	—	14.82	—	21.87

工作内容:挖装、运输、卸除、空回。

单位:100 m³

定额编号			D020326	D020327	D020328	D020329
项目			洞内运距/km		增运/km	
			3		0.5	
			5.0 t自卸汽车运石渣	8.0 t自卸汽车运石渣	5.0 t自卸汽车运石渣	8.0 t自卸汽车运石渣
名称	单位	代号	数量			
人工	工时	11010	22.60	22.60	—	—
零星材料费	%	11998	2.00	2.00	—	—
单斗挖掘机 液压 斗容1.0 m³	台时	01009	3.40	3.40	—	—
推土机 功率88 kW	台时	01044	1.70	1.70	—	—
自卸汽车 载重量5.0 t	台时	03012	42.64	—	3.67	—
自卸汽车 载重量8.0 t	台时	03013	—	27.73	—	2.29

2–31 2.0 m³ 挖掘机装石渣汽车运输

工作内容:挖装、运输、卸除、空回。

单位:100 m³

定额编号			D020330	D020331	D020332	D020333	D020334	D020335
项目			露天运距/km					
			1				2	
			8.0 t自卸汽车运石渣	10 t自卸汽车运石渣	12 t自卸汽车运石渣	15 t自卸汽车运石渣	8.0 t自卸汽车运石渣	10 t自卸汽车运石渣
名称	单位	代号	数量					
人工	工时	11010	10.00	10.00	10.00	10.00	10.00	10.00
零星材料费	%	11998	2.00	2.00	2.00	2.00	2.00	2.00
单斗挖掘机 液压 斗容2.0 m³	台时	01011	1.49	1.49	1.49	1.49	1.49	1.49
推土机 功率88 kW	台时	01044	0.75	0.75	0.75	0.75	0.75	0.75
自卸汽车 载重量8.0 t	台时	03013	9.70	—	—	—	12.51	—
自卸汽车 载重量10 t	台时	03015	—	8.71	—	—	—	11.01
自卸汽车 载重量12 t	台时	03016	—	—	7.58	—	—	—
自卸汽车 载重量15 t	台时	03017	—	—	—	6.35	—	—

工作内容:挖装、运输、卸除、空回。

单位:100 m³

定额编号			D020336	D020337	D020338	D020339	D020340	D020341
项目			露天运距/km					
			2		3			
			12 t自卸汽车运石渣	15 t自卸汽车运石渣	8.0 t自卸汽车运石渣	10 t自卸汽车运石渣	12 t自卸汽车运石渣	15 t自卸汽车运石渣
名称	单位	代号	数量					
人工	工时	11010	10.00	10.00	10.00	10.00	10.00	10.00
零星材料费	%	11998	2.00	2.00	2.00	2.00	2.00	2.00
单斗挖掘机 液压 斗容2.0 m³	台时	01011	1.49	1.49	1.49	1.49	1.49	1.49
推土机 功率88 kW	台时	01044	0.75	0.75	0.75	0.75	0.75	0.75
自卸汽车 载重量8.0 t	台时	03013	—	—	15.29	—	—	—
自卸汽车 载重量10 t	台时	03015	—	—	—	13.09	—	—
自卸汽车 载重量12 t	台时	03016	9.52	—	—	—	11.29	—
自卸汽车 载重量15 t	台时	03017	—	7.92	—	—	—	9.32

工作内容:挖装、运输、卸除、空回。

单位:100 m³

定额编号			D020342	D020343	D020344	D020345	D020346	D020347
项目			露天运距/km					
			4				5	
			8.0 t自卸汽车运石渣	10 t自卸汽车运石渣	12 t自卸汽车运石渣	15 t自卸汽车运石渣	8.0 t自卸汽车运石渣	10 t自卸汽车运石渣
名称	单位	代号	数量					
人工	工时	11010	10.00	10.00	10.00	10.00	10.00	10.00
零星材料费	％	11998	2.00	2.00	2.00	2.00	2.00	2.00
单斗挖掘机 液压 斗容2.0 m³	台时	01011	1.49	1.49	1.49	1.49	1.49	1.49
推土机 功率88 kW	台时	01044	0.75	0.75	0.75	0.75	0.75	0.75
自卸汽车 载重量8.0 t	台时	03013	17.66	—	—	—	20.09	—
自卸汽车 载重量10 t	台时	03015	—	15.08	—	—	—	17.02
自卸汽车 载重量12 t	台时	03016	—	—	12.95	—	—	—
自卸汽车 载重量15 t	台时	03017	—	—	—	10.57	—	—

工作内容:挖装、运输、卸除、空回。

单位:100 m³

定额编号			D020348	D020349	D020350	D020351	D020352	D020353
项目			露天运距/km		增运/km			
			5		1			
			12 t自卸汽车运石渣	15 t自卸汽车运石渣	8.0 t自卸汽车运石渣	10 t自卸汽车运石渣	12 t自卸汽车运石渣	15 t自卸汽车运石渣
名称	单位	代号	数量					
人工	工时	11010	10.00	10.00	—	—	—	—
零星材料费	％	11998	2.00	2.00	—	—	—	—
单斗挖掘机 液压 斗容2.0 m³	台时	01011	1.49	1.49	—	—	—	—
推土机 功率88 kW	台时	01044	0.75	0.75	—	—	—	—
自卸汽车 载重量8.0 t	台时	03013	—	—	2.20	—	—	—
自卸汽车 载重量10 t	台时	03015	—	—	—	1.77	—	—
自卸汽车 载重量12 t	台时	03016	14.59	—	—	—	1.47	—
自卸汽车 载重量15 t	台时	03017	—	11.86	—	—	—	1.17

工作内容:挖装、运输、卸除、空回。

单位:100 m³

定额编号			D020354	D020355	D020356	D020357	D020358	D020359
项目			洞内运距/km					
			0.5				1	
			8.0 t自卸汽车运石渣	10 t自卸汽车运石渣	12 t自卸汽车运石渣	15 t自卸汽车运石渣	8.0 t自卸汽车运石渣	10 t自卸汽车运石渣
名称	单位	代号	数量					
人工	工时	11010	12.60	12.60	12.60	12.60	12.60	12.60
零星材料费	%	11998	2.00	2.00	2.00	2.00	2.00	2.00
单斗挖掘机 液压 斗容2.0 m³	台时	01011	1.88	1.88	1.88	1.88	1.88	1.88
推土机 功率88 kW	台时	01044	0.94	0.94	0.94	0.94	0.94	0.94
自卸汽车 载重量8.0 t	台时	03013	9.49	—	—	—	13.29	—
自卸汽车 载重量10 t	台时	03015	—	8.69	—	—	—	11.72
自卸汽车 载重量12 t	台时	03016	—	—	7.63	—	—	—
自卸汽车 载重量15 t	台时	03017	—	—	—	6.39	—	—

工作内容:挖装、运输、卸除、空回。

单位:100 m³

定额编号			D020360	D020361	D020362	D020363	D020364	D020365
项目			洞内运距/km					
			1		2			
			12 t自卸汽车运石渣	15 t自卸汽车运石渣	8.0 t自卸汽车运石渣	10 t自卸汽车运石渣	12 t自卸汽车运石渣	15 t自卸汽车运石渣
名称	单位	代号	数量					
人工	工时	11010	12.60	12.60	12.60	12.60	12.60	12.60
零星材料费	%	11998	2.00	2.00	2.00	2.00	2.00	2.00
单斗挖掘机 液压 斗容2.0 m³	台时	01011	1.88	1.88	1.88	1.88	1.88	1.88
推土机 功率88 kW	台时	01044	0.94	0.94	0.94	0.94	0.94	0.94
自卸汽车 载重量8.0 t	台时	03013	—	—	20.31	—	—	—
自卸汽车 载重量10 t	台时	03015	—	—	—	17.25	—	—
自卸汽车 载重量12 t	台时	03016	10.14	—	—	—	14.77	—
自卸汽车 载重量15 t	台时	03017	—	8.44	—	—	—	12.17

工作内容:挖装、运输、卸除、空回。

单位:100 m³

定额编号			D020366	D020367	D020368	D020369	D020370	D020371	D020372	D020373
项目			洞内运距/km				洞内增运/km			
			3				0.5			
			8.0 t自卸汽车运石渣	10 t自卸汽车运石渣	12 t自卸汽车运石渣	15 t自卸汽车运石渣	8.0 t自卸汽车运石渣	10 t自卸汽车运石渣	12 t自卸汽车运石渣	15 t自卸汽车运石渣
名称	单位	代号	数量							
人工	工时	11010	12.60	12.60	12.60	12.60	—	—	—	—
零星材料费	%	11998	2.00	2.00	2.00	2.00	—	—	—	—
单斗挖掘机 液压 斗容2.0 m³	台时	01011	1.88	1.88	1.88	1.88	—	—	—	—
推土机 功率88 kW	台时	01044	0.94	0.94	0.94	0.94	—	—	—	—
自卸汽车 载重量8.0 t	台时	03013	26.21	—	—	—	2.31	—	—	—
自卸汽车 载重量10 t	台时	03015	—	21.93	—	—	—	1.84	—	—
自卸汽车 载重量12 t	台时	03016	—	—	18.77	—	—	—	1.53	—
自卸汽车 载重量15 t	台时	03017	—	—	—	15.28	—	—	—	1.22

2–32 3.0 m³ 挖掘机装石渣汽车运输

工作内容:挖装、运输、卸除、空回。

单位:100 m³

定额编号			D020374	D020375	D020376	D020377	D020378	D020379
项目			露天运距/km					
			1					2
			12 t自卸汽车运石渣	15 t自卸汽车运石渣	18 t自卸汽车运石渣	20 t自卸汽车运石渣	25 t自卸汽车运石渣	12 t自卸汽车运石渣
名称	单位	代号	数量					
人工	工时	11010	7.20	7.20	7.20	7.20	7.20	7.20
零星材料费	%	11998	2.00	2.00	2.00	2.00	2.00	2.00
单斗挖掘机 液压 斗容3.0 m³	台时	01013	1.07	1.07	1.07	1.07	1.07	1.07
推土机 功率103 kW	台时	01045	0.54	0.54	0.54	0.55	0.54	0.54
自卸汽车 载重量12 t	台时	03016	7.00	—	—	—	—	8.94
自卸汽车 载重量15 t	台时	03017	—	5.90	—	—	—	—
自卸汽车 载重量18 t	台时	03018	—	—	5.45	—	—	—
自卸汽车 载重量20 t	台时	03019	—	—	—	4.90	—	—
自卸汽车 载重量25 t	台时	03020	—	—	—	—	4.08	—

工作内容:挖装、运输、卸除、空回。

单位:100 m³

定额编号			D020380	D020381	D020382	D020383	D020384	D020385
项目			露天运距/km					
			2				3	
			15 t自卸汽车运石渣	18 t自卸汽车运石渣	20 t自卸汽车运石渣	25 t自卸汽车运石渣	12 t自卸汽车运石渣	15 t自卸汽车运石渣
名称	单位	代号	数量					
人工	工时	11010	7.20	7.20	7.20	7.20	7.20	7.20
零星材料费	%	11998	2.00	2.00	2.00	2.00	2.00	2.00
单斗挖掘机 液压 斗容3.0 m³	台时	01013	1.07	1.07	1.07	1.07	1.07	1.07
推土机 功率103 kW	台时	01045	0.54	0.54	0.54	0.55	0.54	0.54
自卸汽车 载重量12 t	台时	03016	—	—	—	—	10.67	—
自卸汽车 载重量15 t	台时	03017	7.47	—	—	—	—	8.84
自卸汽车 载重量18 t	台时	03018	—	6.73	—	—	—	—
自卸汽车 载重量20 t	台时	03019	—	—	6.05	—	—	—
自卸汽车 载重量25 t	台时	03020	—	—	—	5.50	—	—

工作内容:挖装、运输、卸除、空回。

单位:100 m³

定额编号			D020386	D020387	D020388	D020389	D020390	D020391
项目			露天运距/km					
			3			4		
			18 t自卸汽车运石渣	20 t自卸汽车运石渣	25 t自卸汽车运石渣	12 t自卸汽车运石渣	15 t自卸汽车运石渣	18 t自卸汽车运石渣
名称	单位	代号	数量					
人工	工时	11010	7.20	7.20	7.20	7.20	7.20	7.20
零星材料费	%	11998	2.00	2.00	2.00	2.00	2.00	2.00
单斗挖掘机 液压 斗容3.0 m³	台时	01013	1.07	1.07	1.07	1.07	1.07	1.07
推土机 功率103 kW	台时	01045	0.54	0.54	0.54	0.55	0.54	0.54
自卸汽车 载重量12 t	台时	03016	—	—	—	12.43	—	—
自卸汽车 载重量15 t	台时	03017	—	—	—	—	10.23	—
自卸汽车 载重量18 t	台时	03018	7.88	—	—	—	—	8.99
自卸汽车 载重量20 t	台时	03019	—	7.10	—	—	—	—
自卸汽车 载重量25 t	台时	03020	—	—	5.88	—	—	—

工作内容:挖装、运输、卸除、空回。

单位:100 m³

定额编号			D020392	D020393	D020394	D020395	D020396	D020397	D020398
项目			露天运距/km						
			4		5				
			20 t自卸汽车运石渣	25 t自卸汽车运石渣	12 t自卸汽车运石渣	15 t自卸汽车运石渣	18 t自卸汽车运石渣	20 t自卸汽车运石渣	25 t自卸汽车运石渣
名称	单位	代号	数量						
人工	工时	11010	7.20	7.20	7.20	7.20	7.20	7.20	7.20
零星材料费	%	11998	2.00	2.00	2.00	2.00	2.00	2.00	2.00
单斗挖掘机 液压 斗容3.0 m³	台时	01013	1.07	1.07	1.07	1.07	1.07	1.07	1.07
推土机 功率103 kW	台时	01045	0.54	0.54	0.54	0.55	0.54	0.54	0.54
自卸汽车 载重量12 t	台时	03016	—	—	14.00	—	—	—	—
自卸汽车 载重量15 t	台时	03017	—	—	—	11.46	—	—	—
自卸汽车 载重量18 t	台时	03018	—	—	—	—	10.12	—	—
自卸汽车 载重量20 t	台时	03019	8.14	—	—	—	—	9.06	—
自卸汽车 载重量25 t	台时	03020	—	6.68	—	—	—	—	7.44

工作内容:挖装、运输、卸除、空回。

单位:100 m³

定额编号			D020399	D020400	D020401	D020402	D020403
项目			露天增运/km				
			1				
			12 t自卸汽车运石渣	15 t自卸汽车运石渣	18 t自卸汽车运石渣	20 t自卸汽车运石渣	25 t自卸汽车运石渣
名称	单位	代号	数量				
人工	工时	11010	—	—	—	—	—
零星材料费	%	11998	—	—	—	—	—
单斗挖掘机 液压 斗容3.0 m³	台时	01013					
推土机 功率103 kW	台时	01045	—	—	—	—	—
自卸汽车 载重量12 t	台时	03016	1.48	—	—	—	—
自卸汽车 载重量15 t	台时	03017	—	1.17	—	—	—
自卸汽车 载重量18 t	台时	03018	—	—	0.98	—	—
自卸汽车 载重量20 t	台时	03019	—	—	—	0.88	—
自卸汽车 载重量25 t	台时	03020	—	—	—	—	0.70

工作内容:挖装、运输、卸除、空回。

单位:100 m³

定额编号			D020404	D020405	D020406	D020407	D020408	D020409
项目			洞内运距/km					
			0.5					1
			12 t自卸汽车运石渣	15 t自卸汽车运石渣	18 t自卸汽车运石渣	20 t自卸汽车运石渣	25 t自卸汽车运石渣	12 t自卸汽车运石渣
名称	单位	代号	数量					
人工	工时	11010	8.90	8.90	8.90	8.90	8.90	8.90
零星材料费	％	11998	2.00	2.00	2.00	2.00	2.00	2.00
单斗挖掘机 液压 斗容3.0 m³	台时	01013	1.32	1.32	1.32	1.32	1.32	1.32
推土机 功率103 kW	台时	01045	0.66	0.66	0.66	0.66	0.66	0.66
自卸汽车 载重量12 t	台时	03016	6.86	—	—	—	—	9.37
自卸汽车 载重量15 t	台时	03017	—	5.84	—	—	—	—
自卸汽车 载重量18 t	台时	03018	—	—	5.48	—	—	—
自卸汽车 载重量20 t	台时	03019	—	—	—	4.91	—	—
自卸汽车 载重量25 t	台时	03020	—	—	—	—	4.13	—

工作内容:挖装、运输、卸除、空回。

单位:100 m³

定额编号			D020410	D020411	D020412	D020413	D020414	D020415
项目			洞内运距/km					
			1				2	
			15 t自卸汽车运石渣	18 t自卸汽车运石渣	20 t自卸汽车运石渣	25 t自卸汽车运石渣	12 t自卸汽车运石渣	15 t自卸汽车运石渣
名称	单位	代号	数量					
人工	工时	11010	8.90	8.90	8.90	8.90	8.90	8.90
零星材料费	％	11998	2.00	2.00	2.00	2.00	2.00	2.00
单斗挖掘机 液压 斗容3.0 m³	台时	01013	1.32	1.32	1.32	1.32	1.32	1.32
推土机 功率103 kW	台时	01045	0.66	0.66	0.66	0.66	0.66	0.66
自卸汽车 载重量12 t	台时	03016	—	—	—	—	14.17	—
自卸汽车 载重量15 t	台时	03017	7.91	—	—	—	—	11.65
自卸汽车 载重量18 t	台时	03018	—	7.15	—	—	—	—
自卸汽车 载重量20 t	台时	03019	—	—	6.45	—	—	—
自卸汽车 载重量25 t	台时	03020	—	—	—	5.38	—	—

工作内容:挖装、运输、卸除、空回。

单位:100 m³

定额编号			D020416	D020417	D020418	D020419	D020420	D020421
项目			洞内运距/km					
			2			3		
			18 t自卸汽车运石渣	20 t自卸汽车运石渣	25 t自卸汽车运石渣	12 t自卸汽车运石渣	15 t自卸汽车运石渣	18 t自卸汽车运石渣
名称	单位	代号	数量					
人工	工时	11010	8.90	8.90	8.90	8.90	8.90	8.90
零星材料费	%	11998	2.00	2.00	2.00	2.00	2.00	2.00
单斗挖掘机 液压 斗容3.0 m³	台时	01013	1.32	1.32	1.32	1.32	1.32	1.32
推土机 功率103 kW	台时	01045	0.66	0.66	0.66	0.66	0.66	0.66
自卸汽车 载重量12 t	台时	03016	—	—	—	18.10	—	—
自卸汽车 载重量15 t	台时	03017	—	—	—	—	14.74	—
自卸汽车 载重量18 t	台时	03018	10.28	—	—	—	—	12.87
自卸汽车 载重量20 t	台时	03019	—	9.26	—	—	—	—
自卸汽车 载重量25 t	台时	03020	—	—	7.60	—	—	—

工作内容:挖装、运输、卸除、空回。

单位:100 m³

定额编号			D020422	D020423	D020424	D020425	D020426	D020427	D020428
项目			洞内运距/km		洞内增运/km				
			3		0.5				
			20 t自卸汽车运石渣	25 t自卸汽车运石渣	12 t自卸汽车运石渣	15 t自卸汽车运石渣	18 t自卸汽车运石渣	20 t自卸汽车运石渣	25 t自卸汽车运石渣
名称	单位	代号	数量						
人工	工时	11010	8.90	8.90	—	—	—	—	—
零星材料费	%	11998	2.00	2.00	—	—	—	—	—
单斗挖掘机 液压 斗容3.0 m³	台时	01013	1.32	1.32	—	—	—	—	—
推土机 功率103 kW	台时	01045	0.66	0.66	—	—	—	—	—
自卸汽车 载重量12 t	台时	03016	—	—	1.54	—	—	—	—
自卸汽车 载重量15 t	台时	03017	—	—	—	1.23	—	—	—
自卸汽车 载重量18 t	台时	03018	—	—	—	—	1.03	—	—
自卸汽车 载重量20 t	台时	03019	11.57	—	—	—	—	0.93	—
自卸汽车 载重量25 t	台时	03020	—	9.52	—	—	—	—	0.73

2-33 1.0 m³ 装载机装石渣汽车运输

工作内容:挖装、运输、卸除、空回。

单位:100 m³

定额编号			D020429	D020430	D020431	D020432	D020433	D020434
项目			露天运距/km					
			1		2		3	
			5.0 t自卸汽车运石渣	8.0 t自卸汽车运石渣	5.0 t自卸汽车运石渣	8.0 t自卸汽车运石渣	5.0 t自卸汽车运石渣	8.0 t自卸汽车运石渣
名称	单位	代号	数量					
人工	工时	11010	19.30	19.30	19.30	19.30	19.30	19.30
零星材料费	‰	11998	2.00	2.00	2.00	2.00	2.00	2.00
装载机 轮胎式 斗容1.0 m³	台时	01028	3.61	3.61	3.61	3.61	3.61	3.61
推土机 功率88 kW	台时	01044	1.81	1.81	1.81	1.81	1.81	1.81
自卸汽车 载重量5.0 t	台时	03012	17.06	—	21.74	—	26.00	—
自卸汽车 载重量8.0 t	台时	03013	—	11.80	—	14.73	—	17.30

工作内容:挖装、运输、卸除、空回。

单位:100 m³

定额编号			D020435	D020436	D020437	D020438	D020439	D020440
项目			露天运距/km				露天增运/km	
			4		5		1	
			5.0 t自卸汽车运石渣	8.0 t自卸汽车运石渣	5.0 t自卸汽车运石渣	8.0 t自卸汽车运石渣	5.0 t自卸汽车运石渣	8.0 t自卸汽车运石渣
名称	单位	代号	数量					
人工	工时	11010	19.30	19.30	19.30	19.30	—	—
零星材料费	‰	11998	2.00	2.00	2.00	2.00	—	—
装载机 轮胎式 斗容1.0 m³	台时	01028	3.61	3.61	3.61	3.61	—	—
推土机 功率88 kW	台时	01044	1.81	1.81	1.81	1.81	—	—
自卸汽车 载重量5.0 t	台时	03012	30.04	—	35.86	—	3.53	—
自卸汽车 载重量8.0 t	台时	03013	—	19.74	—	22.14	—	2.20

工作内容:挖装、运输、卸除、空回。

单位:100 m³

定额编号			D020441	D020442	D020443	D020444	D020445	D020446
项目			洞内运距/km					
			0.5		1		2	
			5.0 t自卸汽车运石渣	8.0 t自卸汽车运石渣	5.0 t自卸汽车运石渣	8.0 t自卸汽车运石渣	5.0 t自卸汽车运石渣	8.0 t自卸汽车运石渣
名称	单位	代号	数量					
人工	工时	11010	24.00	24.00	24.00	24.00	24.00	24.00
零星材料费	%	11998	2.00	2.00	2.00	2.00	2.00	2.00
装载机 轮胎式 斗容1.0 m³	台时	01028	4.49	4.49	4.49	4.49	4.49	4.49
推土机 功率88 kW	台时	01044	2.25	2.25	2.25	2.25	2.25	2.25
自卸汽车 载重量5.0 t	台时	03012	16.98	—	23.03	—	34.40	—
自卸汽车 载重量8.0 t	台时	03013	—	12.05	—	15.85	—	22.93

工作内容:挖装、运输、卸除、空回。

单位:100 m³

定额编号			D020447	D020448	D020449	D020450
项目			洞内运距/km		洞内增运/km	
			3		0.5	
			5.0 t自卸汽车运石渣	8.0 t自卸汽车运石渣	5.0 t自卸汽车运石渣	8.0 t自卸汽车运石渣
名称	单位	代号	数量			
人工	工时	11010	24.00	24.00	—	—
零星材料费	%	11998	2.00	2.00	—	—
装载机 轮胎式 斗容1.0 m³	台时	01028	4.49	4.49	—	—
推土机 功率88 kW	台时	01044	2.25	2.25	—	—
自卸汽车 载重量5.0 t	台时	03012	43.66	—	3.67	—
自卸汽车 载重量8.0 t	台时	03013	—	28.67	—	2.29

2-34 1.5 m³ 装载机装石渣汽车运输

工作内容:挖装、运输、卸除、空回。

单位:100 m³

项目			D020451	D020452	D020453	D020454	D020455	D020456
定额编号			露天运距/km					
			1			2		
			8.0 t自卸汽车运石渣	10 t自卸汽车运石渣	12 t自卸汽车运石渣	8.0 t自卸汽车运石渣	10 t自卸汽车运石渣	12 t自卸汽车运石渣
名称	单位	代号	数量					
人工	工时	11010	13.90	13.90	13.90	13.90	13.90	13.90
零星材料费	%	11998	2.00	2.00	2.00	2.00	2.00	2.00
装载机 轮胎式 斗容1.5 m³	台时	01029	2.59	2.59	2.59	2.59	2.59	2.59
推土机 功率88 kW	台时	01044	1.30	1.30	1.30	1.30	1.30	1.30
自卸汽车 载重量8.0 t	台时	03013	10.72	—	—	13.69	—	—
自卸汽车 载重量10 t	台时	03015	—	9.66	—	—	11.93	—
自卸汽车 载重量12 t	台时	03016	—	—	8.51	—	—	10.38

工作内容:挖装、运输、卸除、空回。

单位:100 m³

项目			D020457	D020458	D020459	D020460	D020461	D020462
定额编号			露天运距/km					
			3			4		
			8.0 t自卸汽车运石渣	10 t自卸汽车运石渣	12 t自卸汽车运石渣	8.0 t自卸汽车运石渣	10 t自卸汽车运石渣	12 t自卸汽车运石渣
名称	单位	代号	数量					
人工	工时	11010	13.90	13.90	13.90	13.90	13.90	13.90
零星材料费	%	11998	2.00	2.00	2.00	2.00	2.00	2.00
装载机 轮胎式 斗容1.5 m³	台时	01029	2.59	2.59	2.59	2.59	2.59	2.59
推土机 功率88 kW	台时	01044	1.30	1.30	1.30	1.30	1.30	1.30
自卸汽车 载重量8.0 t	台时	03013	16.27	—	—	18.77	—	—
自卸汽车 载重量10 t	台时	03015	—	14.05	—	—	16.04	—
自卸汽车 载重量12 t	台时	03016	—	—	12.15	—	—	13.80

工作内容:挖装、运输、卸除、空回。

单位:100 m³

定额编号			D020463	D020464	D020465	D020466	D020467	D020468
项目			露天运距/km			露天增运/km		
			5			1		
			8.0 t自卸汽车运石渣	10 t自卸汽车运石渣	12 t自卸汽车运石渣	8.0 t自卸汽车运石渣	10 t自卸汽车运石渣	12 t自卸汽车运石渣
名称	单位	代号	数量					
人工	工时	11010	13.90	13.90	13.90	—	—	—
零星材料费	%	11998	2.00	2.00	2.00	—	—	—
装载机 轮胎式 斗容1.5 m³	台时	01029	2.59	2.59	2.59	—	—	—
推土机 功率88 kW	台时	01044	1.30	1.30	1.30	—	—	—
自卸汽车 载重量8.0 t	台时	03013	21.11	—	—	2.20	—	—
自卸汽车 载重量10 t	台时	03015	—	18.01	—	—	1.76	—
自卸汽车 载重量12 t	台时	03016	—	—	15.41	—	—	1.47

工作内容:挖装、运输、卸除、空回。

单位:100 m³

定额编号			D020469	D020470	D020471	D020472	D020473	D020474
项目			洞内运距/km					
			0.5			1		
			8.0 t自卸汽车运石渣	10 t自卸汽车运石渣	12 t自卸汽车运石渣	8.0 t自卸汽车运石渣	10 t自卸汽车运石渣	12 t自卸汽车运石渣
名称	单位	代号	数量					
人工	工时	11010	17.40	17.40	17.40	17.40	17.40	17.40
零星材料费	%	11998	2.00	2.00	2.00	2.00	2.00	2.00
装载机 轮胎式 斗容1.5 m³	台时	01029	3.26	3.26	3.26	3.26	3.26	3.26
推土机 功率88 kW	台时	01044	1.63	1.63	1.63	1.63	1.63	1.63
自卸汽车 载重量8.0 t	台时	03013	10.78	—	—	14.69	—	—
自卸汽车 载重量10 t	台时	03015	—	9.90	—	—	12.90	—
自卸汽车 载重量12 t	台时	03016	—	—	8.76	—	—	11.30

工作内容:挖装、运输、卸除、空回。

单位:100 m³

定额编号			D020475	D020476	D020477	D020478	D020479	D020480	D020481	D020482	D020483
项目			洞内运距/km						洞内增运/km		
			2			3			0.5		
			8.0 t自卸汽车运石渣	10 t自卸汽车运石渣	12 t自卸汽车运石渣	8.0 t自卸汽车运石渣	10 t自卸汽车运石渣	12 t自卸汽车运石渣	8.0 t自卸汽车运石渣	10 t自卸汽车运石渣	12 t自卸汽车运石渣
名称	单位	代号	数量								
人工	工时	11010	17.40	17.40	17.40	17.40	17.40	17.40	—	—	—
零星材料费	%	11998	2.00	2.00	2.00	2.00	2.00	2.00	—	—	—
装载机 轮胎式 斗容1.5 m³	台时	01029	3.26	3.26	3.26	3.26	3.26	3.26	—	—	—
推土机 功率88 kW	台时	01044	1.63	1.63	1.63	1.63	1.63	1.63	—	—	—
自卸汽车 载重量8.0 t	台时	03013	21.72	—	—	27.51	—	—	2.29	—	—
自卸汽车 载重量10 t	台时	03015	—	18.52	—	—	23.31	—	—	1.83	—
自卸汽车 载重量12 t	台时	03016	—	—	15.98	—	—	19.90	—	—	1.53

2–35　2.0 m³ 装载机装石渣汽车运输

工作内容:挖装、运输、卸除、空回。

单位:100 m³

定额编号			D020484	D020485	D020486	D020487	D020488	D020489
项目			露天运距/km					
			1				2	
			8.0 t自卸汽车运石渣	10 t自卸汽车运石渣	12 t自卸汽车运石渣	15 t自卸汽车运石渣	8.0 t自卸汽车运石渣	10 t自卸汽车运石渣
名称	单位	代号	数量					
人工	工时	11010	11.00	11.00	11.00	11.00	11.00	11.00
零星材料费	%	11998	2.00	2.00	2.00	2.00	2.00	2.00
装载机 轮胎式 斗容2.0 m³	台时	01030	2.05	2.05	2.05	2.05	2.05	2.05
推土机 功率88 kW	台时	01044	1.03	1.03	1.03	1.03	1.03	1.03
自卸汽车 载重量8.0 t	台时	03013	10.25	—	—	—	13.09	—
自卸汽车 载重量10 t	台时	03015	—	9.27	—	—	—	11.65
自卸汽车 载重量12 t	台时	03016	—	—	8.18	—	—	—
自卸汽车 载重量15 t	台时	03017	—	—	—	6.92	—	—

工作内容:挖装、运输、卸除、空回。

单位:100 m³

定额编号			D020490	D020491	D020492	D020493	D020494	D020495
项目			露天运距/km					
			2		3			
			12 t自卸汽车运石渣	15 t自卸汽车运石渣	8.0 t自卸汽车运石渣	10 t自卸汽车运石渣	12 t自卸汽车运石渣	15 t自卸汽车运石渣
名称	单位	代号	数量					
人工	工时	11010	11.00	11.00	11.00	11.00	11.00	11.00
零星材料费	%	11998	2.00	2.00	2.00	2.00	2.00	2.00
装载机 轮胎式 斗容2.0 m³	台时	01030	2.05	2.05	2.05	2.05	2.05	2.05
推土机 功率88 kW	台时	01044	1.03	1.03	1.03	1.03	1.03	1.03
自卸汽车 载重量8.0 t	台时	03013	—	—	15.71	—	—	—
自卸汽车 载重量10 t	台时	03015	—	—	—	13.67	—	—
自卸汽车 载重量12 t	台时	03016	10.14	—	—	—	11.89	—
自卸汽车 载重量15 t	台时	03017	—	8.44	—	—	—	9.89

工作内容:挖装、运输、卸除、空回。

单位:100 m³

定额编号			D020496	D020497	D020498	D020499	D020500	D020501
项目			露天运距/km					
			4				5	
			8.0 t自卸汽车运石渣	10 t自卸汽车运石渣	12 t自卸汽车运石渣	15 t自卸汽车运石渣	8.0 t自卸汽车运石渣	10 t自卸汽车运石渣
名称	单位	代号	数量					
人工	工时	11010	11.00	11.00	11.00	11.00	11.00	11.00
零星材料费	%	11998	2.00	2.00	2.00	2.00	2.00	2.00
装载机 轮胎式 斗容2.0 m³	台时	01030	2.05	2.05	2.05	2.05	2.05	2.05
推土机 功率88 kW	台时	01044	1.03	1.03	1.03	1.03	1.03	1.03
自卸汽车 载重量8.0 t	台时	03013	18.29	—	—	—	20.65	—
自卸汽车 载重量10 t	台时	03015	—	15.77	—	—	—	17.72
自卸汽车 载重量12 t	台时	03016	—	—	13.51	—	—	—
自卸汽车 载重量15 t	台时	03017	—	—	—	11.26	—	—

工作内容:挖装、运输、卸除、空回。

单位:100 m³

定额编号			D020502	D020503	D020504	D020505	D020506	D020507
项目			露天运距/km		露天增运/km			
			5		1			
			12 t自卸汽车运石渣	15 t自卸汽车运石渣	8.0 t自卸汽车运石渣	10 t自卸汽车运石渣	12 t自卸汽车运石渣	15 t自卸汽车运石渣
名称	单位	代号	数量					
人工	工时	11010	11.00	11.00	—	—	—	—
零星材料费	%	11998	2.00	2.00	—	—	—	—
装载机 轮胎式 斗容2.0 m³	台时	01030	2.05	2.05	—	—	—	—
推土机 功率88 kW	台时	01044	1.03	1.03	—	—	—	—
自卸汽车 载重量8.0 t	台时	03013	—	—	2.20	—	—	—
自卸汽车 载重量10 t	台时	03015	—	—	—	1.76	—	—
自卸汽车 载重量12 t	台时	03016	15.13	—	—	—	1.47	—
自卸汽车 载重量15 t	台时	03017	—	12.46	—	—	—	1.17

工作内容:挖装、运输、卸除、空回。

单位:100 m³

定额编号			D020508	D020509	D020510	D020511	D020512	D020513
项目			洞内运距/km					
			0.5				1	
			8.0 t自卸汽车运石渣	10 t自卸汽车运石渣	12 t自卸汽车运石渣	15 t自卸汽车运石渣	8.0 t自卸汽车运石渣	10 t自卸汽车运石渣
名称	单位	代号	数量					
人工	工时	11010	13.60	13.60	13.60	13.60	13.60	13.60
零星材料费	%	11998	2.00	2.00	2.00	2.00	2.00	2.00
装载机 轮胎式 斗容2.0 m³	台时	01030	2.54	2.54	2.54	2.54	2.54	2.54
推土机 功率88 kW	台时	01044	1.27	1.27	1.27	1.27	1.27	1.27
自卸汽车 载重量8.0 t	台时	03013	10.10	—	—	—	13.91	—
自卸汽车 载重量10 t	台时	03015	—	9.31	—	—	—	12.34
自卸汽车 载重量12 t	台时	03016	—	—	8.37	—	—	—
自卸汽车 载重量15 t	台时	03017	—	—	—	7.15	—	—

工作内容:挖装、运输、卸除、空回。

单位:100 m³

定额编号			D020514	D020515	D020516	D020517	D020518	D020519
项目			洞内运距/km					
			1		2			
			12 t自卸汽车运石渣	15 t自卸汽车运石渣	8.0 t自卸汽车运石渣	10 t自卸汽车运石渣	12 t自卸汽车运石渣	15 t自卸汽车运石渣
名称	单位	代号	数量					
人工	工时	11010	13.60	13.60	13.60	13.60	13.60	13.60
零星材料费	%	11998	2.00	2.00	2.00	2.00	2.00	2.00
装载机 轮胎式 斗容2.0 m³	台时	01030	2.54	2.54	2.54	2.54	2.54	2.54
推土机 功率88 kW	台时	01044	1.27	1.27	1.27	1.27	1.27	1.27
自卸汽车 载重量8.0 t	台时	03013	—	—	20.95	—	—	—
自卸汽车 载重量10 t	台时	03015	—	—	—	17.97	—	—
自卸汽车 载重量12 t	台时	03016	10.85	—	—	—	15.57	—
自卸汽车 载重量15 t	台时	03017	—	9.12	—	—	—	12.91

工作内容:挖装、运输、卸除、空回。

单位:100 m³

定额编号			D020520	D020521	D020522	D020523	D020524	D020525	D020526	D020527
项目			洞内运距/km				洞内增运/km			
			3				0.5			
			8.0 t自卸汽车运石渣	10 t自卸汽车运石渣	12 t自卸汽车运石渣	15 t自卸汽车运石渣	8.0 t自卸汽车运石渣	10 t自卸汽车运石渣	12 t自卸汽车运石渣	15 t自卸汽车运石渣
名称	单位	代号	数量							
人工	工时	11010	13.60	13.60	13.60	13.60	—	—	—	—
零星材料费	%	11998	2.00	2.00	2.00	2.00	—	—	—	—
装载机 轮胎式 斗容2.0 m³	台时	01030	2.54	2.54	2.54	2.54	—	—	—	—
推土机 功率88 kW	台时	01044	1.27	1.27	1.27	1.27	—	—	—	—
自卸汽车 载重量8.0 t	台时	03013	26.67	—	—	—	2.29	—	—	—
自卸汽车 载重量10 t	台时	03015	—	22.79	—	—	—	1.83	—	—
自卸汽车 载重量12 t	台时	03016	—	—	19.45	—	—	—	1.53	—
自卸汽车 载重量15 t	台时	03017	—	—	—	16.01	—	—	—	1.22

2-36　3.0 m³ 装载机装石渣汽车运输

工作内容：挖装、运输、卸除、空回。

单位：100 m³

定额编号			D020528	D020529	D020530	D020531	D020532	D020533
项目			露天运距/km					
			1					2
			12 t自卸汽车运石渣	15 t自卸汽车运石渣	18 t自卸汽车运石渣	20 t自卸汽车运石渣	25 t自卸汽车运石渣	12 t自卸汽车运石渣
名称	单位	代号	数量					
人工	工时	11010	7.50	7.50	7.50	7.50	7.50	7.50
零星材料费	%	11998	2.00	2.00	2.00	2.00	2.00	2.00
装载机 轮胎式 斗容3.0 m³	台时	01031	1.40	1.40	1.40	1.40	1.40	1.40
推土机 功率103 kW	台时	01045	0.70	0.70	0.70	0.70	0.70	0.70
自卸汽车 载重量12 t	台时	03016	7.36	—	—	—	—	9.26
自卸汽车 载重量15 t	台时	03017	—	6.21	—	—	—	—
自卸汽车 载重量18 t	台时	03018	—	—	5.79	—	—	—
自卸汽车 载重量20 t	台时	03019	—	—	—	5.24	—	—
自卸汽车 载重量25 t	台时	03020	—	—	—	—	4.40	—

工作内容：挖装、运输、卸除、空回。

单位：100 m³

定额编号			D020534	D020535	D020536	D020537	D020538	D020539
项目			露天运距/km					
			2				3	
			15 t自卸汽车运石渣	18 t自卸汽车运石渣	20 t自卸汽车运石渣	25 t自卸汽车运石渣	12 t自卸汽车运石渣	15 t自卸汽车运石渣
名称	单位	代号	数量					
人工	工时	11010	7.50	7.50	7.50	7.50	7.50	7.50
零星材料费	%	11998	2.00	2.00	2.00	2.00	2.00	2.00
装载机 轮胎式 斗容3.0 m³	台时	01031	1.40	1.40	1.40	1.40	1.40	1.40
推土机 功率103 kW	台时	01045	0.70	0.70	0.70	0.70	0.70	0.70
自卸汽车 载重量12 t	台时	03016	—	—	—	—	11.05	—
自卸汽车 载重量15 t	台时	03017	7.74	—	—	—	—	9.16
自卸汽车 载重量18 t	台时	03018	—	7.12	—	—	—	—
自卸汽车 载重量20 t	台时	03019	—	—	6.40	—	—	—
自卸汽车 载重量25 t	台时	03020	—	—	—	5.33	—	—

工作内容:挖装、运输、卸除、空回。

单位:100 m³

定额编号			D020540	D020541	D020542	D020543	D020544	D020545
项目			露天运距/km					
			3			4		
			18 t自卸汽车运石渣	20 t自卸汽车运石渣	25 t自卸汽车运石渣	12 t自卸汽车运石渣	15 t自卸汽车运石渣	18 t自卸汽车运石渣
名称	单位	代号	数量					
人工	工时	11010	7.50	7.50	7.50	7.50	7.50	7.50
零星材料费	%	11998	2.00	2.00	2.00	2.00	2.00	2.00
装载机 轮胎式 斗容3.0 m³	台时	01031	1.40	1.40	1.40	1.40	1.40	1.40
推土机 功率103 kW	台时	01045	0.70	0.70	0.70	0.70	0.70	0.70
自卸汽车 载重量12 t	台时	03016	—	—	—	12.66	—	—
自卸汽车 载重量15 t	台时	03017	—	—	—	—	10.57	—
自卸汽车 载重量18 t	台时	03018	8.25	—	—	—	—	9.38
自卸汽车 载重量20 t	台时	03019	—	7.42	—	—	—	—
自卸汽车 载重量25 t	台时	03020	—	—	6.15	—	—	—

工作内容:挖装、运输、卸除、空回。

单位:100 m³

定额编号			D020546	D020547	D020548	D020549	D020550	D020551
项目			露天运距/km					
			4		5			
			20 t自卸汽车运石渣	25 t自卸汽车运石渣	12 t自卸汽车运石渣	15 t自卸汽车运石渣	18 t自卸汽车运石渣	20 t自卸汽车运石渣
名称	单位	代号	数量					
人工	工时	11010	7.50	7.50	7.50	7.50	7.50	7.50
零星材料费	%	11998	2.00	2.00	2.00	2.00	2.00	2.00
装载机 轮胎式 斗容3.0 m³	台时	01031	1.40	1.40	1.40	1.40	1.40	1.40
推土机 功率103 kW	台时	01045	0.70	0.70	0.70	0.70	0.70	0.70
自卸汽车 载重量12 t	台时	03016	—	—	14.31	—	—	—
自卸汽车 载重量15 t	台时	03017	—	—	—	11.83	—	—
自卸汽车 载重量18 t	台时	03018	—	—	—	—	10.48	—
自卸汽车 载重量20 t	台时	03019	8.46	—	—	—	—	9.39
自卸汽车 载重量25 t	台时	03020	—	6.98	—	—	—	—

工作内容:挖装、运输、卸除、空回。

单位:100 m³

定额编号			D020552	D020553	D020554	D020555	D020556	D020557
项目			露天运距/km	露天增运/km				
			5	1				
			25 t自卸汽车运石渣	12 t自卸汽车运石渣	15 t自卸汽车运石渣	18 t自卸汽车运石渣	20 t自卸汽车运石渣	25 t自卸汽车运石渣
名称	单位	代号	数量					
人工	工时	11010	7.50	—	—	—	—	—
零星材料费	%	11998	2.00	—	—	—	—	—
装载机 轮胎式 斗容3.0 m³	台时	01031	1.40	—	—	—	—	—
推土机 功率103 kW	台时	01045	0.70	—	—	—	—	—
自卸汽车 载重量12 t	台时	03016	—	1.47	—	—	—	—
自卸汽车 载重量15 t	台时	03017	—	—	1.17	—	—	—
自卸汽车 载重量18 t	台时	03018	—	—	—	0.98	—	—
自卸汽车 载重量20 t	台时	03019	—	—	—	—	0.88	—
自卸汽车 载重量25 t	台时	03020	7.73	—	—	—	—	0.70

工作内容:挖装、运输、卸除、空回。

单位:100 m³

定额编号			D020558	D020559	D020560	D020561	D020562	D020563
项目			洞内运距/km					
			0.5					1
			12 t自卸汽车运石渣	15 t自卸汽车运石渣	18 t自卸汽车运石渣	20 t自卸汽车运石渣	25 t自卸汽车运石渣	12 t自卸汽车运石渣
名称	单位	代号	数量					
人工	工时	11010	9.50	9.50	9.50	9.50	9.50	9.50
零星材料费	%	11998	2.00	2.00	2.00	2.00	2.00	2.00
装载机 轮胎式 斗容3.0 m³	台时	01031	1.76	1.76	1.76	1.76	1.76	1.76
推土机 功率103 kW	台时	01045	0.88	0.88	0.88	0.88	0.88	0.88
自卸汽车 载重量12 t	台时	03016	7.33	—	—	—	—	9.80
自卸汽车 载重量15 t	台时	03017	—	6.30	—	—	—	—
自卸汽车 载重量18 t	台时	03018	—	—	5.97	—	—	—
自卸汽车 载重量20 t	台时	03019	—	—	—	5.36	—	—
自卸汽车 载重量25 t	台时	03020	—	—	—	—	4.56	—

工作内容:挖装、运输、卸除、空回。

单位:100 m³

定额编号			D020564	D020565	D020566	D020567	D020568	D020569
项目			洞内运距/km					
			1				2	
			15 t自卸汽车运石渣	18 t自卸汽车运石渣	20 t自卸汽车运石渣	25 t自卸汽车运石渣	12 t自卸汽车运石渣	15 t自卸汽车运石渣
名称	单位	代号	数量					
人工	工时	11010	9.50	9.50	9.50	9.50	9.50	9.50
零星材料费	％	11998	2.00	2.00	2.00	2.00	2.00	2.00
装载机 轮胎式 斗容3.0 m³	台时	01031	1.76	1.76	1.76	1.76	1.76	1.76
推土机 功率103 kW	台时	01045	0.88	0.88	0.88	0.88	0.88	0.88
自卸汽车 载重量12 t	台时	03016	—	—	—	—	14.47	—
自卸汽车 载重量15 t	台时	03017	8.86	—	—	—	—	12.05
自卸汽车 载重量18 t	台时	03018	—	7.64	—	—	—	—
自卸汽车 载重量20 t	台时	03019	—	—	6.91	—	—	—
自卸汽车 载重量25 t	台时	03020	—	—	—	5.79	—	—

工作内容:挖装、运输、卸除、空回。

单位:100 m³

定额编号			D020570	D020571	D020572	D020573	D020574	D020575
项目			洞内运距/km					
			2			3		
			18 t自卸汽车运石渣	20 t自卸汽车运石渣	25 t自卸汽车运石渣	12 t自卸汽车运石渣	15 t自卸汽车运石渣	18 t自卸汽车运石渣
名称	单位	代号	数量					
人工	工时	11010	9.50	9.50	9.50	9.50	9.50	9.50
零星材料费	％	11998	2.00	2.00	2.00	2.00	2.00	2.00
装载机 轮胎式 斗容3.0 m³	台时	01031	1.76	1.76	1.76	1.76	1.76	1.76
推土机 功率103 kW	台时	01045	0.88	0.88	0.88	0.88	0.88	0.88
自卸汽车 载重量12 t	台时	03016	—	—	—	18.38	—	—
自卸汽车 载重量15 t	台时	03017	—	—	—	—	15.25	—
自卸汽车 载重量18 t	台时	03018	10.79	—	—	—	—	13.34
自卸汽车 载重量20 t	台时	03019	—	9.70	—	—	—	—
自卸汽车 载重量25 t	台时	03020	—	—	8.01	—	—	—

工作内容：挖装、运输、卸除、空回。

单位：100 m³

定额编号			D020576	D020577	D020578	D020579	D020580	D020581	D020582
项目			洞内运距/km		洞内增运/km				
			3		0.5				
			20 t自卸汽车运石渣	25 t自卸汽车运石渣	12 t自卸汽车运石渣	15 t自卸汽车运石渣	18 t自卸汽车运石渣	20 t自卸汽车运石渣	25 t自卸汽车运石渣
名称	单位	代号	数量						
人工	工时	11010	9.50	9.50	—	—	—	—	—
零星材料费	%	11998	2.00	2.00	—	—	—	—	—
装载机 轮胎式 斗容3.0 m³	台时	01031	1.76	1.76	—	—	—	—	—
推土机 功率103 kW	台时	01045	0.88	0.88	—	—	—	—	—
自卸汽车 载重量12 t	台时	03016	—	—	1.53	—	—	—	—
自卸汽车 载重量15 t	台时	03017	—	—	—	1.22	—	—	—
自卸汽车 载重量18 t	台时	03018	—	—	—	—	1.02	—	—
自卸汽车 载重量20 t	台时	03019	11.98	—	—	—	—	0.92	—
自卸汽车 载重量25 t	台时	03020	—	9.93	—	—	—	—	0.73

2-37 推土机推运石渣

工作内容：推运、推集、空回、平场。

单位：100 m³

定额编号			D020583	D020584	D020585	D020586	D020587	D020588
项目			运距/m					
			≤20					
			88 kW推土机推运	103 kW推土机推运	118 kW推土机推运	132 kW推土机推运	162 kW推土机推运	235 kW推土机推运
名称	单位	代号	数量					
人工	工时	11010	8.10	8.10	8.10	8.10	8.10	8.10
零星材料费	%	11998	8.00	8.00	8.00	8.00	8.00	8.00
推土机 功率88 kW	台时	01044	2.68	—	—	—	—	—
推土机 功率103 kW	台时	01045	—	2.37	—	—	—	—
推土机 功率118 kW	台时	01046	—	—	2.28	—	—	—
推土机 功率132 kW	台时	01047	—	—	—	2.09	—	—
推土机 功率162 kW	台时	01049	—	—	—	—	1.90	—
推土机 功率235 kW	台时	01051	—	—	—	—	—	1.24

工作内容：推运、推集、空回、平场。

单位：100 m³

定额编号			D020589	D020590	D020591	D020592	D020593	D020594
项目			运距/m					
			≤20	40				
			301 kW 推土机推运	88 kW 推土机推运	103 kW 推土机推运	118 kW 推土机推运	132 kW 推土机推运	162 kW 推土机推运
名称	单位	代号	数量					
人工	工时	11010	8.10	8.10	8.10	8.10	8.10	8.10
零星材料费	%	11998	8.00	8.00	8.00	8.00	8.00	8.00
推土机 功率88 kW	台时	01044	—	3.89	—	—	—	—
推土机 功率103 kW	台时	01045	—	—	3.50	—	—	—
推土机 功率118 kW	台时	01046	—	—	—	3.38	—	—
推土机 功率132 kW	台时	01047	—	—	—	—	3.10	—
推土机 功率162 kW	台时	01049	—	—	—	—	—	2.83
推土机 功率301 kW	台时	01053	0.78	—	—	—	—	—

工作内容：推运、推集、空回、平场。

单位：100 m³

定额编号			D020595	D020596	D020597	D020598	D020599	D020600
项目			运距/m					
			40		60			
			235 kW 推土机推运	301 kW 推土机推运	88 kW 推土机推运	103 kW 推土机推运	118 kW 推土机推运	132 kW 推土机推运
名称	单位	代号	数量					
人工	工时	11010	8.10	8.10	8.10	8.10	8.10	8.10
零星材料费	%	11998	8.00	8.00	8.00	8.00	8.00	8.00
推土机 功率88 kW	台时	01044	—	—	5.00	—	—	—
推土机 功率103 kW	台时	01045	—	—	—	4.57	—	—
推土机 功率118 kW	台时	01046	—	—	—	—	4.50	—
推土机 功率132 kW	台时	01047	—	—	—	—	—	4.17
推土机 功率235 kW	台时	01051	1.77	—	—	—	—	—
推土机 功率301 kW	台时	01053	—	1.13	—	—	—	—

工作内容:推运、推集、空回、平场。

单位:100 m³

定额编号			D020601	D020602	D020603	D020604	D020605	D020606
项目			运距/m					
			60			80		
			162 kW 推土机推运	235 kW 推土机推运	301 kW 推土机推运	88 kW 推土机推运	103 kW 推土机推运	118 kW 推土机推运
名称	单位	代号	数量					
人工	工时	11010	8.10	8.10	8.10	8.10	8.10	8.10
零星材料费	%	11998	8.00	8.00	8.00	6.00	6.00	6.00
推土机 功率 88 kW	台时	01044	—	—	—	6.22	—	—
推土机 功率 103 kW	台时	01045	—	—	—	—	5.68	—
推土机 功率 118 kW	台时	01046	—	—	—	—	—	5.63
推土机 功率 162 kW	台时	01049	3.81	—	—	—	—	—
推土机 功率 235 kW	台时	01051	—	2.35	—	—	—	—
推土机 功率 301 kW	台时	01053	—	—	1.47	—	—	—

工作内容:推运、推集、空回、平场。

单位:100 m³

定额编号			D020607	D020608	D020609	D020610	D020611	D020612
项目			运距/m					
			80				100	
			132 kW 推土机推运	162 kW 推土机推运	235 kW 推土机推运	301 kW 推土机推运	88 kW 推土机推运	103 kW 推土机推运
名称	单位	代号	数量					
人工	工时	11010	8.10	8.10	8.10	8.10	8.10	8.10
零星材料费	%	11998	6.00	6.00	6.00	6.00	6.00	6.00
推土机 功率 88 kW	台时	01044	—	—	—	—	7.59	—
推土机 功率 103 kW	台时	01045	—	—	—	—	—	6.96
推土机 功率 132 kW	台时	01047	5.19	—	—	—	—	—
推土机 功率 162 kW	台时	01049	—	4.74	—	—	—	—
推土机 功率 235 kW	台时	01051	—	—	2.94	—	—	—
推土机 功率 301 kW	台时	01053	—	—	—	1.84	—	—

工作内容:推运、推集、空回、平场。

单位:100 m³

定额编号			D020613	D020614	D020615	D020616	D020617
项目			运距/m				
			100				
			118 kW 推土机推运	132 kW 推土机推运	162 kW 推土机推运	235 kW 推土机推运	301 kW 推土机推运
名称	单位	代号	数量				
人工	工时	11010	8.10	8.10	8.10	8.10	8.10
零星材料费	%	11998	6.00	6.00	6.00	6.00	6.00
推土机 功率 118 kW	台时	01046	6.81	—	—	—	—
推土机 功率 132 kW	台时	01047	—	6.32	—	—	—
推土机 功率 162 kW	台时	01049	—	—	5.84	—	—
推土机 功率 235 kW	台时	01051	—	—	—	3.59	—
推土机 功率 301 kW	台时	01053	—	—	—	—	2.24

2-38 平洞石渣运输

工作内容:推运、推集、空回、平场。

单位:100 m³

定额编号			D020618	D020619	D020620	D020621	D020622	D020623
项目			水平运输					
			1.0 m³ 斗车		3.5 m³ 矿车		8.0 m³ 梭车	
			运距 200 m	增运 100 m	运距 200 m	增运 100 m	运距 200 m	增运 100 m
名称	单位	代号	数量					
人工	工时	11010	79.70	4.00	47.00	2.00	38.10	2.00
零星材料费	%	11998	1.00	—	1.00	—	1.00	—
装岩机 抓斗式 斗容 0.4 m³	台时	01118	—	—	4.02	—	3.43	—
装岩机 风动 斗容 0.26 m³	台时	01121	7.66	—	—	—	—	—
电瓶机车 重量 5.0 t	台时	03103	6.34	0.70	7.80	0.50	8.02	0.70
矿车 窄轨 容积 3.5 m³	台时	03122	—	—	23.47	1.51	—	—
V形斗车 窄轨 容积 1.0 m³	台时	03124	101.63	5.63	—	—	—	—
梭式矿车 窄轨 容积 8.0 m³	台时	03139	—	—	—	—	8.07	0.70
其他机械	台时	11999	3.00	—	3.00	—	3.00	—

T/CAGHP 065.3—2019

2-39 人工挖孔桩石渣运输

工作内容:人工装渣、提升、自动翻渣到井口渣仓、空回。

单位:100 m³

定额编号			D020624
项目			卷扬机提升出渣
名称	单位	代号	数量
人工	工时	11010	346.50
零星材料费	％	11998	2.00
吊斗(桶)斗容0.2 m³～0.6 m³	台时	01137	60.70
卷扬机 双筒慢速 起重量5.0 t	台时	04151	48.23
其他机械	％	11999	5.00

2-40 人工装胶轮车运石渣

工作内容:撬移、解小、装渣、运卸、空回、平场等。

单位:100 m³

定额编号			D020625	D020626	D020627	D020628	D020629
项目			运距/m				增运/m
			50	100	150	200	50
名称	单位	代号	数量				
人工	工时	11010	329.80	365.50	402.80	436.90	33.00
零星材料费	％	11998	2.00	2.00	2.00	2.00	—
胶轮车	台时	03074	89.82	128.02	164.19	200.09	32.83

2-41 人工装机动翻车运石渣

工作内容:装渣、运卸、空回、平场等。

单位:100 m³

定额编号			D020630	D020631	D020632	D020633	D020634	D020635
项目			运距/m					增运/m
			100	200	300	400	500	100
名称	单位	代号	数量					
人工	工时	11010	210.10	210.30	211.30	210.20	209.90	—
零星材料费	%	11998	2.00	2.00	2.00	2.00	2.00	—
机动翻斗车 载重量1.0 t	台时	03076	62.19	66.54	69.82	73.72	77.10	3.14

2-42 隧洞钢支撑

工作内容:制作、安装、拆除。

单位:1.0 t

定额编号			D020636	D020637	D020638	D020639	D020640	D020641
项目			支护形式					
			门式撑	五节撑		七节撑		
			支护高度/m					
			0~4	4~6	6~8	8~10		>10
名称	单位	代号	数量					
人工	工时	11010	62.80	92.30	109.80	120.60	148.70	164.50
钢材	kg	20012	171.32	220.50	220.50	220.50	220.50	220.50
型钢	kg	20037	950.50	961.00	961.00	961.00	961.00	961.00
电焊条	kg	22009	4.02	5.01	6.03	6.03	7.00	7.00
氧气	m³	30035	3.01	4.01	4.01	4.52	4.52	4.52
乙炔气	m³	30036	1.82	2.21	2.21	2.61	2.61	2.61
木材	m³	24004	0.32	0.49	0.52	0.52	0.55	0.55
其他材料费	%	11997	2.00	2.00	2.00	2.00	2.00	2.00
载重汽车 载重量5.0 t	台时	03004	0.50	0.50	0.50	0.50	0.50	0.50
电焊机 交流25 kVA	台时	09132	3.61	5.41	5.41	6.00	6.00	6.60

2-43 隧洞木支撑

工作内容:制作、安装、拆除。

单位:延长米

定额编号			D020642	D020643	D020644	D020645	D020646
项目			断面积/m²				
			0~10	10~20	20~40	40~80	>80
名称	单位	代号	数量				
人工	工时	11010	16.20	27.60	55.90	91.20	142.80
锯材	m³	24003	0.41	0.96	1.25	1.36	1.86
铁件	kg	22062	1.74	2.29	3.82	6.16	8.02
原木	m³	24007	0.26	0.37	1.22	1.62	2.62
其他材料费	%	11997	2.00	2.00	2.00	2.00	2.00
载重汽车 载重量5.0 t	台时	03004	0.50	0.70	1.30	1.51	2.30
胶轮车	台时	03074	2.41	4.82	10.22	13.93	17.41

2-44 格栅拱架制作及安装

工作内容:拱架制作、连接、安装、固定、锁口。

单位:1.0 t

定额编号			D020647
项目			格栅拱架制作及安装
名称	单位	代号	数量
人工	工时	11010	182.90
钢筋	kg	20017	951.56
型钢	kg	20037	100.66
电焊条	kg	22009	19.52
铁丝	kg	20033	7.00
其他材料费	%	11997	3.00
风钻 手持式	台时	01096	0.96
载重汽车 载重量5.0 t	台时	03004	0.54
电焊机 交流25 kVA	台时	09132	27.15
对焊机 电弧型150 kVA	台时	09142	0.40
钢筋弯曲机 φ6~40	台时	09149	2.11
切断机 功率20 kW	台时	09152	0.40
钢筋调直机 功率4 kW~14 kW	台时	09153	0.60
其他机械费	%	11999	3.00

2-45 防震孔、插筋孔——风钻钻孔

工作内容:钻孔、清理。

单位:100 m

定额编号			D020648	D020649	D020650	D020651
项目			岩石级别			
			Ⅴ~Ⅷ	Ⅸ~Ⅹ	Ⅺ~Ⅻ	ⅩⅢ~ⅩⅣ
名称	单位	代号	数量			
人工	工时	11010	32.90	45.90	63.40	92.20
钻头	个	22077	2.02	2.63	3.24	4.02
其他材料费	%	11997	20.00	20.00	20.00	20.00
风钻 手持式	台时	01096	8.83	12.24	16.93	24.54
其他机械费	%	11999	10.00	10.00	10.00	10.00

2-46 防震孔、插筋孔——80型潜孔钻钻孔

工作内容:钻孔、清理。

单位:100 m

定额编号			D020652	D020653	D020654	D020655
项目			岩石级别			
			Ⅴ~Ⅷ	Ⅸ~Ⅹ	Ⅺ~Ⅻ	ⅩⅢ~ⅩⅣ
名称	单位	代号	数量			
人工	工时	11010	33.50	40.80	49.40	60.60
DH6冲击器	套	22001	0.11	0.14	0.18	0.22
潜孔钻钻头80型	个	22039	1.11	1.42	1.76	2.19
其他材料费	%	11997	12.00	12.00	12.00	12.00
潜孔钻型号80型	台时	01099	17.82	21.99	26.34	32.17
其他机械费	%	11999	2.00	2.00	2.00	2.00

2-47 防震孔、插筋孔——100型潜孔钻钻孔

工作内容:钻孔、清理。

单位:100 m

定额编号			D020656	D020657	D020658	D020659
项目			岩石级别			
			Ⅴ～Ⅷ	Ⅸ～Ⅹ	Ⅺ～Ⅻ	ⅩⅢ～ⅩⅣ
名称	单位	代号	数量			
人工	工时	11010	30.90	38.00	46.70	57.30
DH6 冲击器	套	22001	0.11	0.14	0.18	0.22
潜孔钻钻头100型	个	22037	1.11	1.43	1.77	2.19
其他材料费	%	11997	12.00	12.00	12.00	12.00
潜孔钻型号100型	台时	01100	16.37	20.45	24.79	30.65
其他机械费	%	11999	2.00	2.00	2.00	2.00

2-48 防震孔、插筋孔——液压履带钻钻孔

工作内容:钻孔、清理。

单位:100 m

定额编号			D020660	D020661	D020662	D020663
项目			岩石级别			
			Ⅴ～Ⅷ	Ⅸ～Ⅹ	Ⅺ～Ⅻ	ⅩⅢ～ⅩⅣ
名称	单位	代号	数量			
人工	工时	11010	3.60	3.90	3.60	3.90
钻头 $\phi 64$	个	22081	0.18	0.19	0.20	0.21
其他材料费	%	11997	15.00	15.00	15.00	15.00
液压履带钻 孔径 64 mm～102 mm	台时	01106	1.90	2.11	2.30	2.53
其他机械费	%	11999	4.00	4.00	4.00	4.00

3 砌石工程

说 明

一、本章包括抛石、砌筑、碾压等定额共20节。

二、本章定额的计量单位,除注明外,均按"成品方"计算。

三、本章定额石料规格及标准说明如下。

块石:指厚度大于20 cm,长、宽各为厚度的2～3倍,上、下两面平行且大致平整,无尖角、薄边的石块。

碎石:指经破碎、加工分级后,粒径大于5 mm的石块。

卵石:指最小粒径大于20 cm的天然河卵石。

毛条石:指一般长度大于60 cm的长条形四棱方正的石料。

粗料石:指毛条石经修边打荒加工,外露面方正,各相邻面正交,表面凹不超过10 mm的石料。

砂砾料:指天然砂卵石混合料。

堆石料:指山场岩石经爆破后,无一定规格、无一定大小的任意石料。

反滤料、过渡料:指土石坝或一般堆砌石工程的防渗体与坝壳之间的过渡区石料,由粒径、级配均有一定要求的砂、砾石(碎石)组成。

四、各节材料定额中石料计量单位:砂、碎石为堆方;块石、卵石为码方;条石、料石为清料方。

五、工程量计算规则如下。

1. 按设计图示尺寸的有效砌筑体积计量。

2. 抛投水下的抛填物,石料抛投体积按抛投石料的堆方体积计算,钢筋笼块石或混凝土块抛投体积按抛投钢筋笼尺寸计算的体积计量。

3. 砌体拆除按设计图示尺寸计算的拆除体积计量。

4. 抹面按设计图示尺寸计算的抹面体积计量。

3-1 石料表面加工

工作内容：细钻或铲平（过扁钻）。

单位：100 m²

定额编号			D030001	D030002	D030003	D030004
项目			石料干抗压强度/MPa			
			≤30	30～50	50～70	＞70
名称	单位	代号	数量			
人工	工时	11010	240.40	306.30	379.60	459.40
零星材料费	％	11998	8.00	8.00	8.00	8.00

3-2 砌体开槽勾缝

工作内容：开槽、洗刷、搬运砂浆、勾缝、压实、养护。

单位：100 m² 砌体表面面积

定额编号			D030005	D030006
项目			浆砌石	反滤料、过渡料
名称	单位	代号	数量	
人工	工时	11010	204.60	240.50
水泥砂浆	m³	47020	0.54	2.41
其他材料费	％	11997	2.00	2.00

3-3 浆砌沟渠

工作内容:非岩石地基。

适用范围:选石、修石、拌制砂浆、砌筑、填缝、勾缝。

单位:100 m³ 砌体方

定额编号			D030007	D030008	D030009	D030010	D030011
项目			非岩石地基				
			块石		条(料)石		
			渠底宽度/m				
			≤1	>1	≤2	2~3	>3
名称	单位	代号	数量				
人工	工时	11010	1 059.10	985.20	914.80	882.10	863.80
块石	m³	23012	110.00	110.00	—	—	—
毛条(粗料)石	m³	23017	—	—	87.00	87.00	87.00
水泥砂浆	m³	47020	35.50	35.50	26.10	26.10	26.10
其他材料费	%	11997	1.00	1.00	1.00	1.00	1.00

工作内容:岩石地基。

适用范围:选石、修石、拌制砂浆、砌筑、填缝、勾缝。

单位:100 m³ 砌体方

定额编号			D030012	D030013	D030014	D030015	D030016
项目			岩石地基				
			块石		条(料)石		
			渠底宽度/m				
			≤1	>1	≤2	2~3	>3
名称	单位	代号	数量				
人工	工时	11010	1 119.40	1 038.60	1 014.50	970.50	947.50
块石	m³	23012	110.00	110.00	—	—	—
毛条(粗料)石	m³	23017	—	—	87.00	87.00	87.00
水泥砂浆	m³	47020	37.20	37.20	28.10	28.10	28.10
其他材料费	%	11997	1.00	1.00	1.00	1.00	1.00

3-4 砌砖

工作内容:砌筑、勾缝。

单位:100 m³

定额编号			D030017
项目			压顶
名称	单位	代号	数量
人工	工时	11010	1 105.60
砖	千块	23038	53.50
水泥砂浆	m³	47020	23.17
其他材料费	%	11997	2.00
胶轮车	台时	03074	154.25
灰浆搅拌机	台时	06021	4.18
其他机械费	%	11999	5.00

3-5 石笼

工作内容:编笼(竹笼包括劈削竹篾)、安放、装填、封口等。

单位:100 m³ 成品方

定额编号			D030018	D030019	D030020
项目			钢筋笼	铅丝笼	竹笼
名称	单位	代号	数量		
人工	工时	11010	530.20	457.60	653.00
竹子	t	24010	—	—	2.51
块石	m³	23012	113.00	113.00	113.00
钢筋 φ8~12	kg	20019	1700	—	—
铅丝 8#	kg	20032	—	397.00	—
其他材料费	%	11997	3.00	1.00	1.00
载重汽车 载重量5.0 t	台时	03004	1.21	—	—
电焊机 交流25 kVA	台时	09132	17.12	—	—
切断机 功率20 kW	台时	09152	0.60	—	—
其他机械费	%	11999	10.00	—	—

注1:铅丝笼的铅丝用量或笼的材料与设计不同时应根据设计进行换算。
注2:钢筋笼中钢筋规格或用量大于定额时,超过部分的钢筋制安按第6章混凝土工程中钢筋制作与安装定额计算。

3-6 人工铺筑连砂石

工作内容:修坡、压实。

单位:100 m³

定额编号			D030021
项目			人工铺筑连砂石
名称	单位	代号	数量
人工	工时	11010	495.00
连砂石	m³	23015	103.00
其他材料费	％	11997	1.00

3-7 人工铺筑砂石垫层

工作内容:修坡、压实。

单位:100 m³

定额编号			D030022	D030023
项目			碎石垫层	反滤层
名称	单位	代号	数量	
人工	工时	11010	495.00	495.00
砂	m³	23020	—	20.48
碎石	m³	23028	102.00	81.60
其他材料费	％	11997	1.00	1.00

3-8 人工抛石护底护岸

工作内容：人工装车、运输、卸土、抛投、整平。
适用范围：护底、护岸。

单位：100 m³ 抛投方

定额编号			D030024
项目			胶轮车运
名称	单位	代号	数量
人工	工时	11010	215.50
块石	m³	23012	103.00
其他材料费	％	11997	1.00
胶轮车	台时	03074	66.81

注：抛投方相当于堆方。

3-9 干砌块石

工作内容：选石、修石、砌筑、填缝、找平。

单位：100 m³

定额编号			D030025	D030026	D030027	D030028	D030029
项目			护坡		护底	基础	挡土墙
			平面	曲面			
名称	单位	代号	数量				
人工	工时	11010	570.20	661.70	497.90	441.70	552.80
块石	m³	23012	116.00	116.00	116.00	116.00	116.00
其他材料费	％	11997	1.00	1.00	1.00	1.00	1.00
胶轮车	台时	03074	78.50	78.50	78.50	78.50	78.50

3-10 干砌混凝土预制块

工作内容:砌筑、填缝、找平。

单位:100 m³

定额编号			D030030	D030031	D030032
项目			护坡		护底
			平面	曲面	
名称	单位	代号	数量		
人工	工时	11010	451.80	519.10	408.20
混凝土预制块	m³	23011	102.00	102.00	102.00
其他材料费	%	11997	0.50	0.50	0.50

3-11 浆砌块石

工作内容:修石、冲洗、拌浆、砌石、勾缝。

单位:100 m³

定额编号			D030033	D030034	D030035	D030036	D030037	D030038
项目			护坡		护底	基础	挡土墙	桥闸墩
			平面	曲面				
名称	单位	代号	数量					
人工	工时	11010	844.30	960.70	749.20	665.80	813.50	886.10
块石	m³	23012	108.00	108.00	108.00	108.00	108.00	108.00
水泥砂浆	m³	47020	35.40	35.40	35.40	34.16	34.58	35.12
其他材料费	%	11997	0.50	0.50	0.50	0.50	0.50	0.50
胶轮车	台时	03074	159.00	159.00	159.00	156.45	157.63	157.48
灰浆搅拌机	台时	06021	6.40	6.40	6.40	6.17	6.24	6.31

3-12 浆砌条料石

工作内容:选石、冲洗、拌浆、砌石、勾缝。

单位:100 m³

定额编号			D030039	D030040	D030041	D030042	D030043	D030044	D030045
项目			平面护坡	护底	基础	挡土墙	桥闸墩	帽石	防浪墙
名称	单位	代号	数量						
人工	工时	11010	906.30	800.30	713.70	877.60	960.30	1 262.10	1 170.80
毛条石	m³	23017	86.70	86.70	86.70	86.70	36.70	—	—
粗料石	m³	23005	—	—	—	—	50.00	86.70	86.70
水泥砂浆	m³	47020	26.00	26.00	25.00	25.20	25.20	23.00	23.17
其他材料费	%	11997	0.50	0.50	0.50	0.50	0.50	0.50	0.50
胶轮车	台时	03074	161.00	161.00	159.04	159.96	161.07	154.23	154.74
灰浆搅拌机	台时	06021	4.70	4.70	4.51	4.55	4.63	4.16	4.16

3-13 浆砌石拱圈

工作内容:拱架模版制作、安装、拆除、冲洗、拌浆、砌石、勾缝。

单位:100 m³

定额编号			D030046	D030047
项目			料石拱	块石拱
名称	单位	代号	数量	
人工	工时	11010	1 379.70	1 300.70
块石	m³	23012	—	108.00
粗料石	m³	23005	86.70	—
锯材	m³	24003	2.75	2.75
水泥砂浆	m³	47020	26.15	35.41
原木	m³	24007	1.29	1.29
铁钉	kg	22061	17.05	17.05
铁件	kg	22062	78.10	78.10
其他材料费	%	11997	1.00	1.00
胶轮车	台时	03074	160.80	159.14
灰浆搅拌机	台时	06021	4.68	6.43

3-14 浆砌石衬砌

工作内容：拱部、拱架及支撑的制作,安装,拆除,冲洗、拌浆、砌筑、勾缝。
适用范围：隧洞。

单位：100 m³

定额编号			D030048	D030049	D030050	D030051	D030052	D030053
项目			拱部	边墙	护底	洞门	拱背回填	边墙回填
名称	单位	代号	数量					
人工	工时	11010	1 520.90	888.50	801.50	980.20	599.90	515.10
片石	m³	23019	—	—	—	—	116.00	116.00
粗料石	m³	23005	86.70	86.70	86.70	86.70	—	—
锯材	m³	24003	2.77	—	—	—	—	—
水泥砂浆	m³	47020	26.15	26.15	26.15	26.15	—	—
原木	m³	24007	1.30	—	—	—	—	—
铁钉	kg	22061	17.05	—	—	—	—	—
铁件	kg	22062	78.10	—	—	—	—	—
其他材料费	%	11997	0.50	0.50	0.50	0.50	0.50	0.50
胶轮车	台时	03074	21.65	21.65	21.65	21.65	—	—
V形斗车 窄轨 容积1.0 m³	台时	03124	93.40	93.40	93.40	93.40	93.40	93.40
灰浆搅拌机	台时	06021	4.70	4.70	4.70	4.70	—	—

3-15 浆砌混凝土预制块

工作内容：冲洗、拌浆、砌筑、勾缝。

单位：100 m³

定额编号			D030054	D030055	D030056	D030057
项目			护坡	铅丝笼	栏杆	挡土墙桥台闸墩
名称	单位	代号	数量			
人工	工时	11010	658.90	584.00	880.20	653.20
水泥砂浆	m³	47020	16.05	16.05	17.44	15.61
混凝土预制块	m³	23011	92.00	92.00	92.00	92.00
其他材料费	%	11997	0.50	0.50	0.50	0.50
胶轮车	台时	03074	121.90	122.14	125.29	121.37
灰浆搅拌机	台时	06021	2.88	2.88	3.14	2.80

3-16 砌体砂浆抹面

工作内容：冲洗、抹灰、压光。

单位：100 m²

定额编号			D030058	D030059	D030060	D030061
项目			平均厚2 cm			每增减厚1 cm
			平面	立面	拱面	
名称	单位	代号	数量			
人工	工时	11010	66.10	92.50	167.80	29.60
水泥砂浆	m³	47020	2.11	2.32	2.51	1.00
其他材料费	%	11997	8.00	8.00	8.00	—
胶轮车	台时	03074	5.11	5.61	6.09	2.56
灰浆搅拌机	台时	06021	0.38	0.41	0.45	0.19

注：斜面角度大于30°时，按立面计算。

3-17 砌体拆除

工作内容：拆除、清理、堆放。
适用范围：块、条、料石。

单位：100 m³

定额编号			D030062	D030063	D030064
项目			水泥浆砌石	白灰浆砌石	干砌石
名称	单位	代号	数量		
人工	工时	11010	883.60	588.70	258.80
零星材料费	%	11998	0.50	0.50	0.50

3-18 拖拉机压实

工作内容:推平、压实、修坡、洒水、补边夯、辅助工作。
适用范围:坝体砂石料、反滤料,利用拖拉机履带碾压。

单位:100 m³ 实方

定额编号			D030065	D030066
项目			砂砾料	反滤料、过渡料
名称	单位	代号	数量	
人工	工时	11010	20.10	21.20
零星材料费	％	11998	10.00	10.00
推土机 功率 74 kW	台时	01043	0.50	0.50
拖拉机 履带式 功率 74 kW	台时	01062	0.80	0.99
蛙式夯实机 功率 2.8 kW	台时	01095	1.00	1.00
其他机械费	％	11999	1.00	1.00

3-19 振动碾压实

工作内容:推平、压实、修坡、洒水、补边夯、辅助工作。
适用范围:坝体砂石料、反滤料、堆石,非自动式振动碾。

单位:100 m³ 实方

定额编号			D030067	D030068
项目			砂砾料	反滤料、过渡料
名称	单位	代号	数量	
人工	工时	11010	18.10	19.20
零星材料费	％	11998	10.00	10.00
推土机 功率 74 kW	台时	01043	0.50	0.50
振动碾 凸块 重量 13 t~14 t	台时	01084	0.24	0.44
蛙式夯实机 功率 2.8 kW	台时	01095	1.00	1.00
其他机械费	％	11999	1.00	1.00

3-20 斜坡碾压

工作内容:削坡、修整、机械压实。
适用范围:坝体垫层料斜坡碾压。

单位:100 m²

定额编号			D030069
项目			斜坡碾压
名称	单位	代号	数量
人工	工时	11010	108.60
零星材料费	千块	11998	1.00
单斗挖掘机 液压 斗容1.0 m³	台时	01009	0.70
拖拉机 履带式 功率74 kW	台时	01062	0.70
斜坡振动碾拖式 质量10 t	台时	01086	0.70
其他机械费	%	11999	1.00